安装工程BIM计量与计价综合实训

◉ 蒋月定　陈宗丽　主编

化学工业出版社

·北京·

安装工程计量与计价的技能形成需要一定的学习和训练，作为《安装工程计量与计价》的配套实训教材，本书从实训任务说明、施工图识读、清单工程量计算及清单计价四个模块，通过精选的5个典型工程案例，由简到繁的多次训练，以达到掌握技能的目的。

为方便施工图识读，本书还提供了案例一～案例三的模型动画，可扫描二维码查看。

本书可以作为各类院校《安装工程计量与计价》课程综合实训的教材，也可以作为从事建筑安装工程施工及造价的人员训练学习使用。

图书在版编目（CIP）数据

安装工程BIM计量与计价综合实训/蒋月定，陈宗丽主编．—北京：化学工业出版社，2018.8（2025.2重印）

ISBN 978-7-122-32607-2

Ⅰ．①安…　Ⅱ．①蒋…②陈…　Ⅲ．①建筑安装-工程造价　Ⅳ．①TU723.3

中国版本图书馆CIP数据核字（2018）第153425号

责任编辑：李仙华　　文字编辑：向　东

责任校对：边　涛　　装帧设计：王晓宇

出版发行：化学工业出版社（北京市东城区青年湖南街13号　邮政编码100011）

印　　装：北京科印技术咨询服务有限公司数码印刷分部

787mm×1092mm　1/16　印张7½　字数196千字　2025年2月北京第1版第5次印刷

购书咨询：010-64518888　　售后服务：010-64518899

网　　址：http://www.cip.com.cn

凡购买本书，如有缺损质量问题，本社销售中心负责调换。

定　　价：32.00元

前言

安装工程计量与计价是工程造价专业所必须掌握的核心技能，安装工程计量与计价实训，长期以来是训练该技能的最重要的环节。如何提高学生的专业技能，成为社会和企业所急需的应用型人才，是工程造价专业建设和教学改革的重要任务。

作为《安装工程计量与计价》的配套实训教材，本书精选了5个典型案例。主要涵盖安装工程中给排水工程、电气工程、消防工程，案例由简到难，读者可以根据需要选择相关的案例进行训练。案例一～案例三提供了案例的编制说明、图纸、案例BIM模型（**扫二维码可查看模型动画**）、工程量及工程量清单计价成果，可以供读者对安装工程计量与计价知识及预算编制进行学习。案例四和案例五只提供了图纸和编制说明，可以作为安装工程相关预算实训使用，学生自行完成相关工程量计算及预算编制，相关计算成果可以在化学工业出版社教学资源网上下载查看，网址为www.cipedu.com.cn。

本书由常州工程职业技术学院蒋月定、陈宗丽主编，江苏城乡建设职业学院吕艳玲、常州工程职业技术学院陈万鹏副主编，苏文电能科技股份有限公司姜保光、徐州工业职业技术学院牛余琴、江苏城乡建设职业学院张如君、常州工程职业技术学院楼晓雯参编。全书由蒋月定统稿，常州工程职业技术学院徐秀维主审。

由于时间仓促，加之编者水平有限，书中若有不足之处，敬请广大读者批评指正。

编　者

2018年6月

目录

二维码资源目录

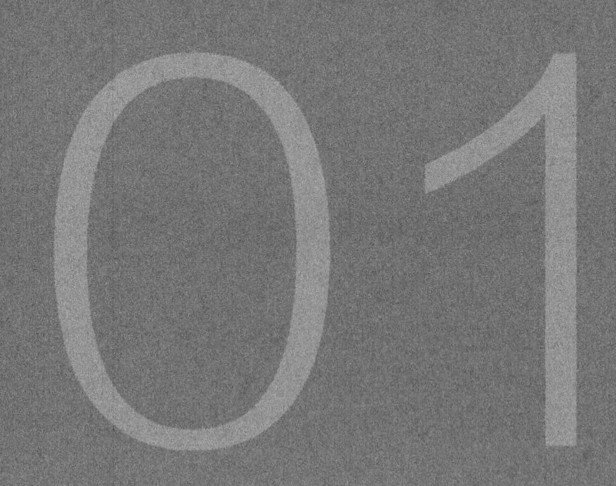

案例一

××给排水工程预算编制

模块一　实训任务说明

一、工程概况

本案例选用住宅楼某单元一侧（即半个楼梯单元）的给排水工程，共六层，层高 3m，每户仅选取厨房和卫生间作为编制内容，给水系统 1～2 层为市政管网直接供水，3～6 层为水箱供水；排水系统中 1 层单独排出室外，2～6 层共用立管排出室外。

二、编制说明

1. 各类费用计取说明

（1）工程类别：本工程按三类工程取费，管理费率 40%；利润 14%。

（2）措施项目费的计取：安全文明施工费基本费 1.5%；省级标化增加费 0.3%；临时设施费 1.3%，其他措施费用不计取。

（3）规费的计取：工程排污费 0.1%；社会保障费 2.4%；住房公积金 0.42%。

（4）税金按增值税 11%计取。

（5）安装工程人工单价的取定：一、二、三类工分别为 85 元/工日、82 元/工日、77 元/工日执行。

（6）主材价格采用除税指导价，见主要材料价格表（表 1-1）；辅材价格不调整。

（7）机械台班单价按江苏省 2014 机械台班定额执行（其中机械费中的人工、材料单价皆不调整）。

2. 给排水部分说明

（1）所有卫生洁具安装到位；

（2）给水系统从进户水表算起，排水管道算至室外排水检查井中心；

（3）给水管采用镀锌管及其配件，丝扣接头，排水管为普通 UPVC 排水管；

（4）一层排水管道埋深按设计深度，二层及以上横管的标高（为方便计算）按距楼面 0.5m 统一计算；

（5）水箱为混凝土水箱，水箱厚均为 200mm，水箱进出水阀门采用浮球阀，进户阀门采用截止阀，全部为螺纹接口；

（6）所有套管、室外检查井、水表井、挖土和各种管道的支架皆不考虑。

三、实训时提供的资料

（1）施工图纸

标注尺寸的图纸，因为安装工程的水平尺寸，一般为在图中用比例尺量取，各人在量取过程中肯定会存在数据的差异，提供标注尺寸图主要是为了学生在工程量的核对时，便于计算结果的统一；没有标注尺寸的图纸电子稿可以在教学资源网 www. cipedu. com. cn 输入本教材自行下载。

（2）主要材料价格表；

（3）暂估价材料表。

四、实训要求

按规定完成工程量计算和工程预算书的编制，提交的实训成果包括：

1. 工程量计算书（手写稿）

2. 工程预算书（其中应包括以下内容）

（1）预算书封面；

（2）单位工程费用汇总表；

（3）分部分项工程量清单；

（4）单价措施项目清单；

（5）单价措施项目清单综合单价分析表；

（6）总价措施项目清单与计价表；

（7）规费、税金项目计价表；

（8）材料暂估单价材料表；

（9）主要材料价格表；

（10）分部分项工程量清单综合单价分析表。

五、实训原始资料

1. 图纸（见案例一图纸）

2. 主要材料价格表（表 1-1）

表 1-1 主要材料价格表

序号	材料名称	规格型号	单位	单价/元	备注
1	热镀锌钢管 *DN*15		m	6.9	
2	热镀锌钢管 *DN*20		m	8.94	
3	热镀锌钢管 *DN*25		m	13.06	
4	热镀锌钢管 *DN*32		m	16.98	
5	热镀锌钢管 *DN*40		m	20.8	
6	热镀锌钢管 *DN*50		m	26.44	
7	金属软管		个	15	
8	承插塑料排水管 d_n50		m	7.53	
9	承插塑料排水管 d_n75		m	12.55	
10	承插塑料排水管 d_n110		m	23.32	
11	承插塑料排水管 d_n160		m	44	

续表

序号	材料名称	规格型号	单位	单价/元	备注
12	承插塑料排水管件 d_n50		个	5.27	
13	承插塑料排水管件 d_n75		个	8.79	
14	承插塑料排水管件 d_n110		个	16.32	
15	承插塑料排水管件 d_n160		个	30.8	
16	截止阀 *DN*40;J11W-16T		个	149.79	
17	截止阀 *DN*50;J11W-16T		个	247.72	
18	铜浮球阀 *DN*50		个	294.12	
19	角阀		个	18	
20	搪瓷浴盆		个	850	
21	洗面盆		套	380	
22	不锈钢洗菜盆		只	180	
23	连体坐便器		套	650	
24	不锈钢洗菜盆水嘴		个	150	
25	洗脸盆水嘴 *DN*15		个	120	
26	浴盆水嘴 *DN*15		个	220	
27	排水栓		套	10	
28	地漏 *DN*50		个	6.5	
29	洗脸盆下水口(铜)		个	35	
30	坐便器桶盖		个	25	
31	连体排水口配件		套	10	
32	连体进水阀配件		套	12	
33	浴盆排水配件		套	50	
34	水表 *DN*20		只	82.62	
35	螺纹水表 *DN*50		只	244.8	

3. 暂估价材料表（表 1-2）

表 1-2 暂估价材料表

序号	材料(工程设备)名称	规格型号	单位	暂估单价/元
1	金属软管		个	15
2	角阀		个	18
3	搪瓷浴盆		个	850
4	洗面盆		套	380
5	不锈钢洗菜盆		只	180
6	连体坐便器		套	650
7	不锈钢洗菜盆水嘴		个	150
8	洗脸盆水嘴 *DN*15		个	120
9	浴盆水嘴 *DN*15		个	220
10	排水栓		套	10
11	洗脸盆下水口(铜)		个	35
12	坐便器桶盖		个	25
13	连体排水口配件		套	10
14	连体进水阀配件		套	12
15	浴盆排水配件		套	50

案例一 图纸

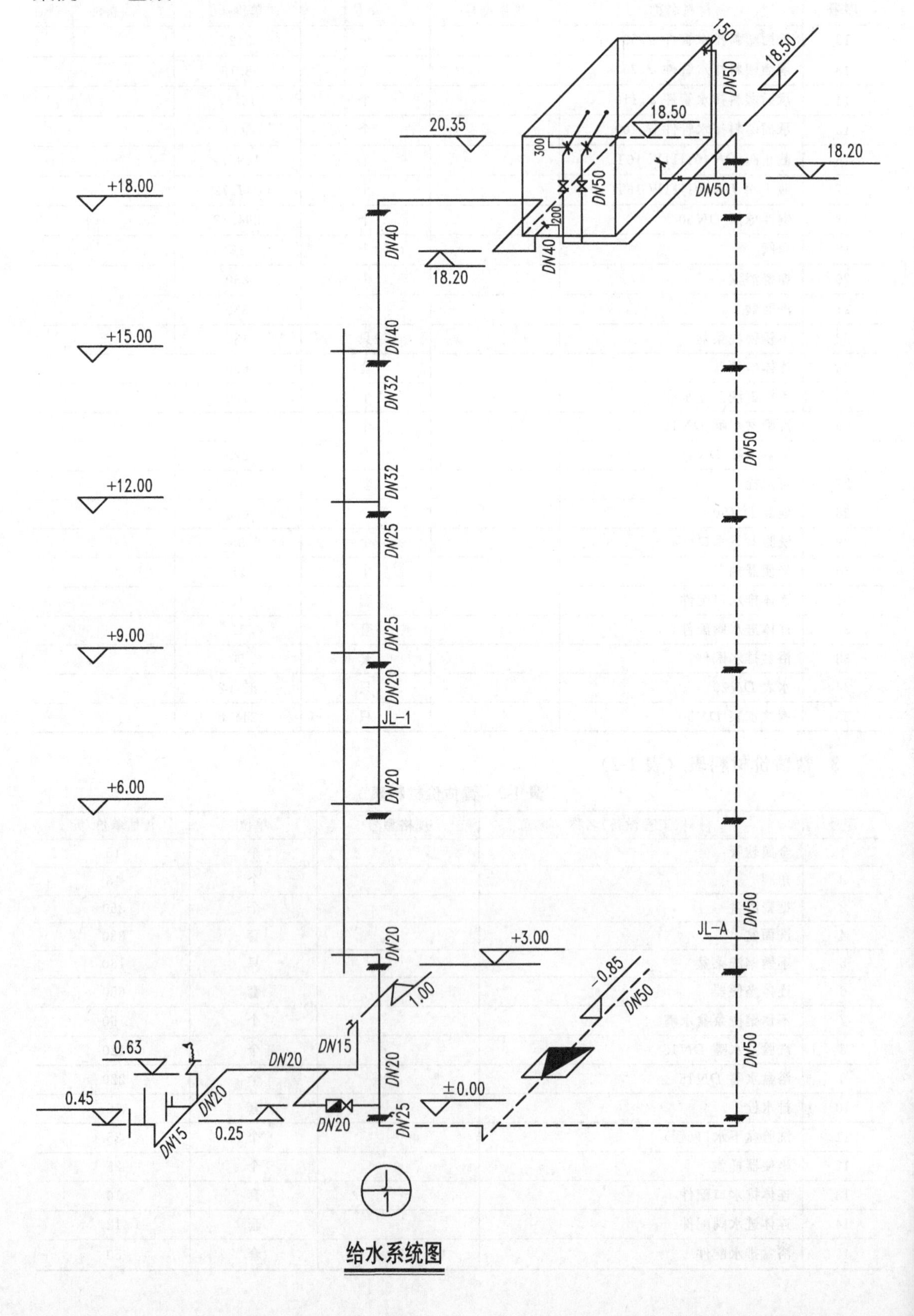
150
18.50
DN50
20.35
18.50
300
18.20
+18.00
DN50
DN50
200
18.20
DN40
DN40
+15.00
DN40
DN32
DN50
DN32
+12.00
DN25
DN25
+9.00
DN20
JL-1
DN20
+6.00
DN50
JL-A
DN20
+3.00
-0.85
1.00
DN50
DN15
0.63
DN20
DN50
DN20
±0.00
0.45
DN20
DN25
0.25
DN20
DN15
J
1

给水系统图

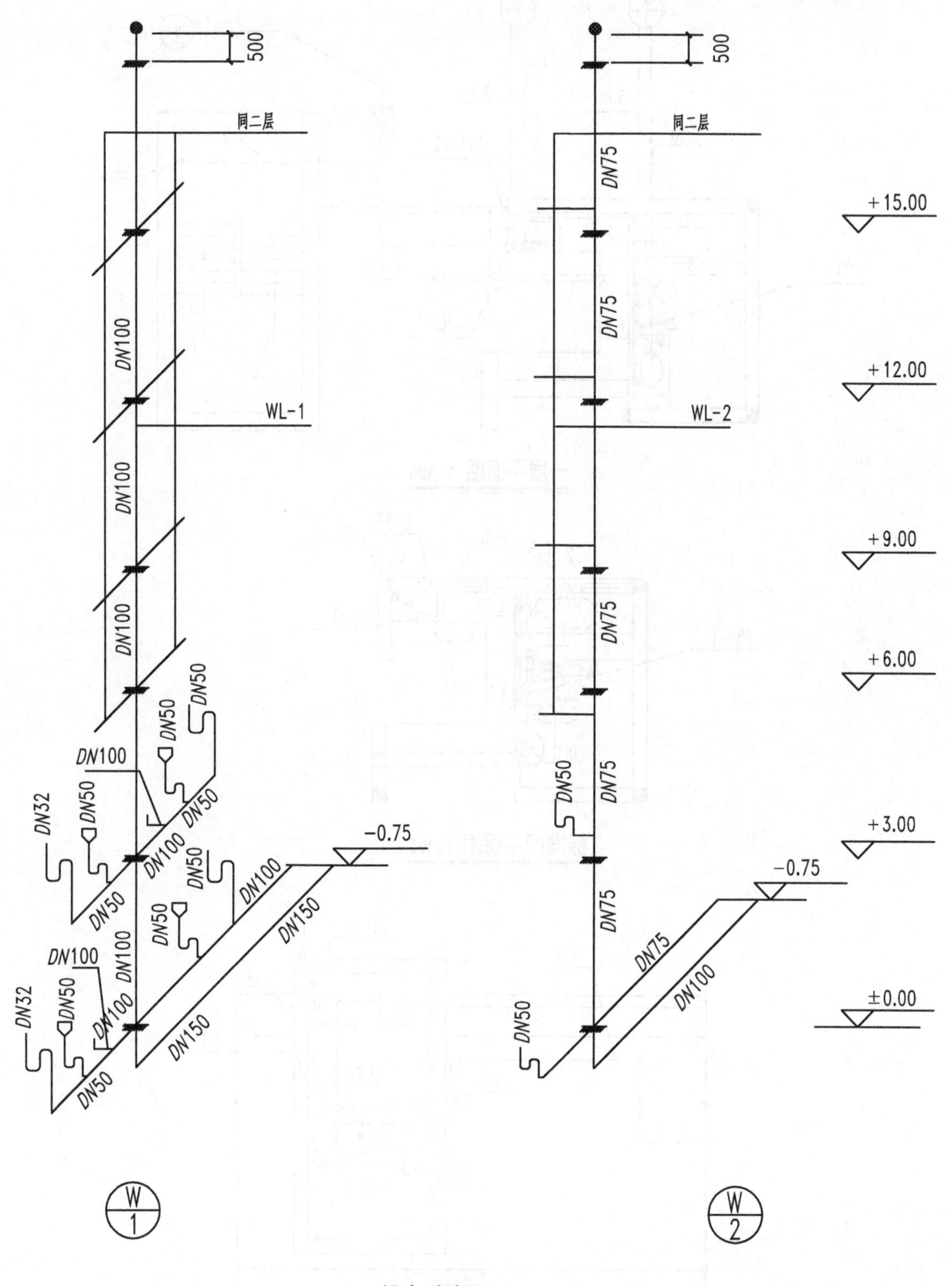
500
同二层
DN100
DN100
DN100
WL-1
DN50
DN50
DN100
DN50
DN32
DN50
DN100
DN50
DN50
DN100
DN150
DN50
DN100
DN100
DN32
DN50
DN100
DN150
DN50
−0.75
DN75
DN75
DN75
DN75
DN50
DN75
WL-2
DN75
DN100
DN50
+15.00
+12.00
+9.00
+6.00
+3.00
±0.00
W
1
W
2

排水系统图

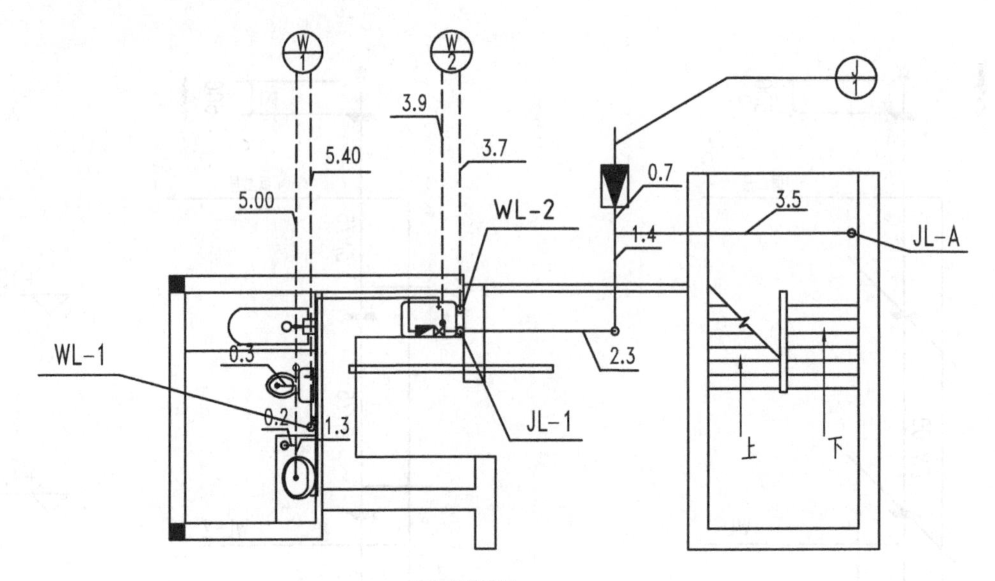

一层平面图 1:100

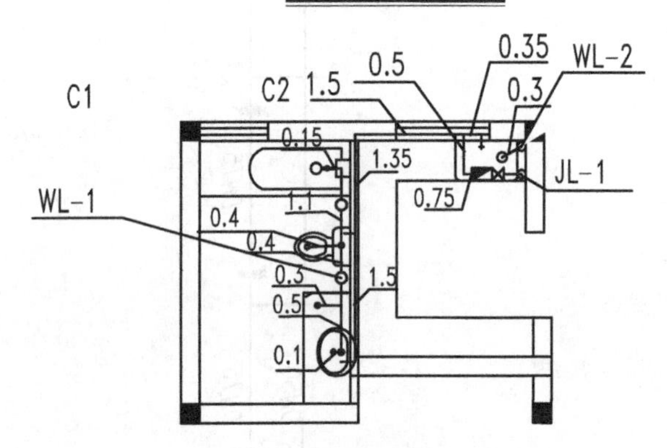

标准间平面图 1:100

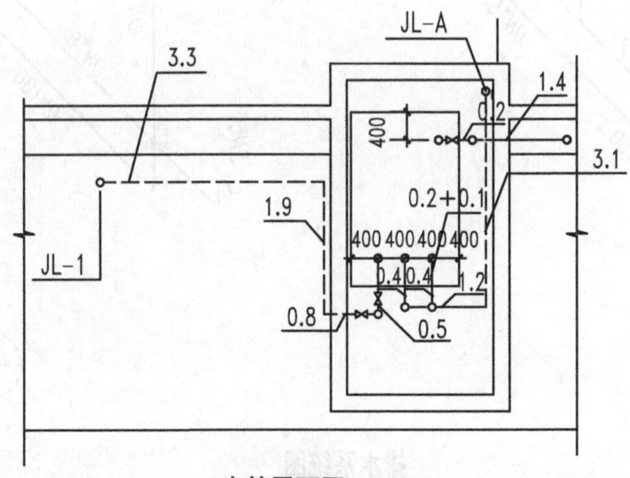

水箱平面图1:100

给水排水平面图标尺寸

模块二 给排水工程施工图识读

建筑给水排水工程施工图包括建筑给水工程施工图（生活、生产及消防给水、热水、中水、直饮水）和建筑排水工程施工图（污水、废水、雨水）。

一、给排水工程施工图组成

1. 图纸目录

图纸应按照前后顺序编排，图纸目录作为图纸前后排列和清点图纸的索引。

2. 设计说明

包括工程概况、设计依据、设计标准、主要技术数据、管材材质、施工要求等。

3. 材料表

工程所需的各种设备和主要材料的名称、规格、型号、材质、数量、图例的明细表，作为建设单位设备订货和材料采购的清单。

4. 平面图

平面图是最基本的图样，以建筑平面图为基础绘制而成，主要表达建筑物和设备的平面布置，管线的水平走向、排列和规格尺寸，以及管子的坡度和坡向、管径和标高，要求绘出给水点的水平位置。包括给水平面图、排水平面图、屋顶水箱布置图等。

给水排水管道应包括立管、干管、支管，要注出管径，底层给水排水平面图中还应有给水引入管和废、污水排出管。底层给水排水平面图中各种管道要按系统编号。一般给水管以每一个承接排水管的检查井为一个系统。

通常将图例和施工说明都附在底层给水排水平面图中。为了便于阅读图纸，常将各种管道及卫生设备等图例、选用的标准图集、施工要求和有关文字材料等用文字加以说明。

5. 系统图

（1）系统图是利用轴测作图原理，在立体空间反映管路设备器具相互关系的全貌的图形，并标注管道、设备及器具的名称、型号、规格、尺寸、坡度、标高等内容。包括给水系统图和排水系统图。

（2）给排水系统图应表示出管道的空间布置情况，各管段的管径、坡度、标高以及附件在管道上的位置。

（3）一般按给水排水平面图中进出口系统不同，分别绘制出各管道系统的系统图。给水引入管或排水排出管的数量超过一根时，宜进行编号，其编号应与底层给水排水平面图编号相一致。

（4）为了反映管道和房屋的联系，系统图中还要画出管道穿越的墙、地面、楼面、屋面的位置。一般用细实线画出地面和墙面，并加轴测图中材料图例线，用两条靠近的水平细实线画出楼面和屋面。

（5）室内工程应标注相对标高；室外工程宜标注绝对标高，当无绝对标高资料时，室外工程宜标注绝对标高，当无绝对标高资料时，可标注相对标高。在给水系统中，标高以管中心为准，一般要注出引入管、横管、阀门及放水龙头，卫生器具的连接支管，各层楼地面及屋面，与水箱连接的各管道，以及水箱的顶面和地面等标高。

6. 大样详图

大样详图是对施工图中的局部范围放大比例、标明尺寸及做法而绘制的局部详图。通常有设备节点详图、接口大样详图、管道固定详图、卫生设施大样图、卫生间布置详图等。

一般当平面图不能反映清楚某一节点图形时，需有放大和细化的详图才能清楚地表示某一部位的详细结构及尺寸。给排水施工图通常利用标准图集中选用的图作为详图。

二、图纸识读方法和顺序

（1）要了解和熟悉给排水设计和验收规范中部分卫生器具的安装高度，以利于量截和计算管道工程量。

（2）查图纸目录，了解工程概况。

（3）首先读设计说明，弄懂设计意图。

（4）由平面图对照系统图阅读，一般按水的流向，由底层至顶层，逐层看图；先从平面图上查找管道的水平尺寸，再从系统图上查找管道的竖直尺寸；看图时从粗到细，从大到小，先看基本图例和说明，再看平面图、系统图和详图，同时注意和各专业的关系。

（5）弄清整个管路全貌后，再对管路中的设备、器具的数量和位置进行分析。

三、××给排水工程 BIM 模型

××给排水工程 BIM 模型见图 1-1～图 1-8。

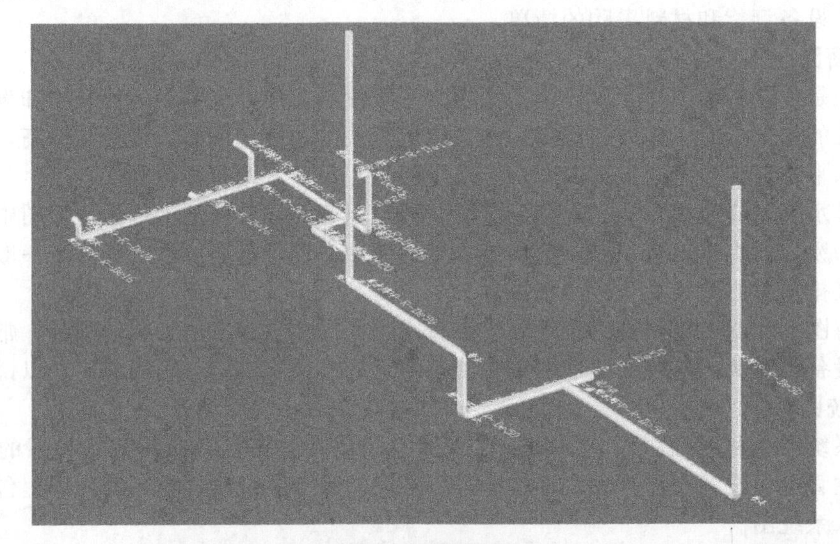

图 1-1 一层给水

1动画

案例一 标准层给水

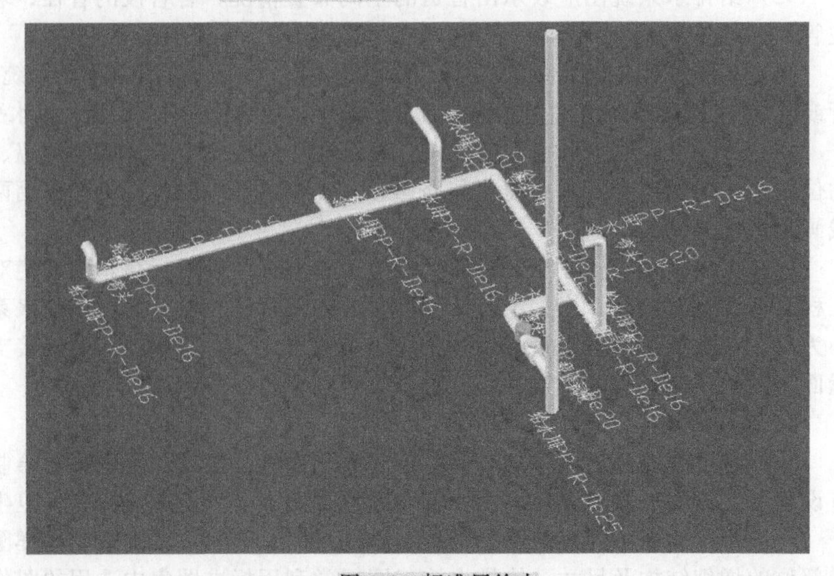

图 1-2 标准层给水

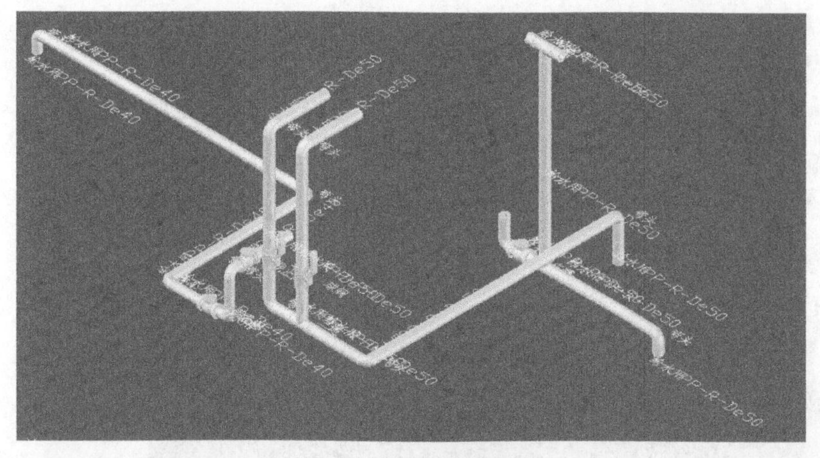

图 1-3　屋顶水箱给排水

2动画

案例一　屋顶水箱

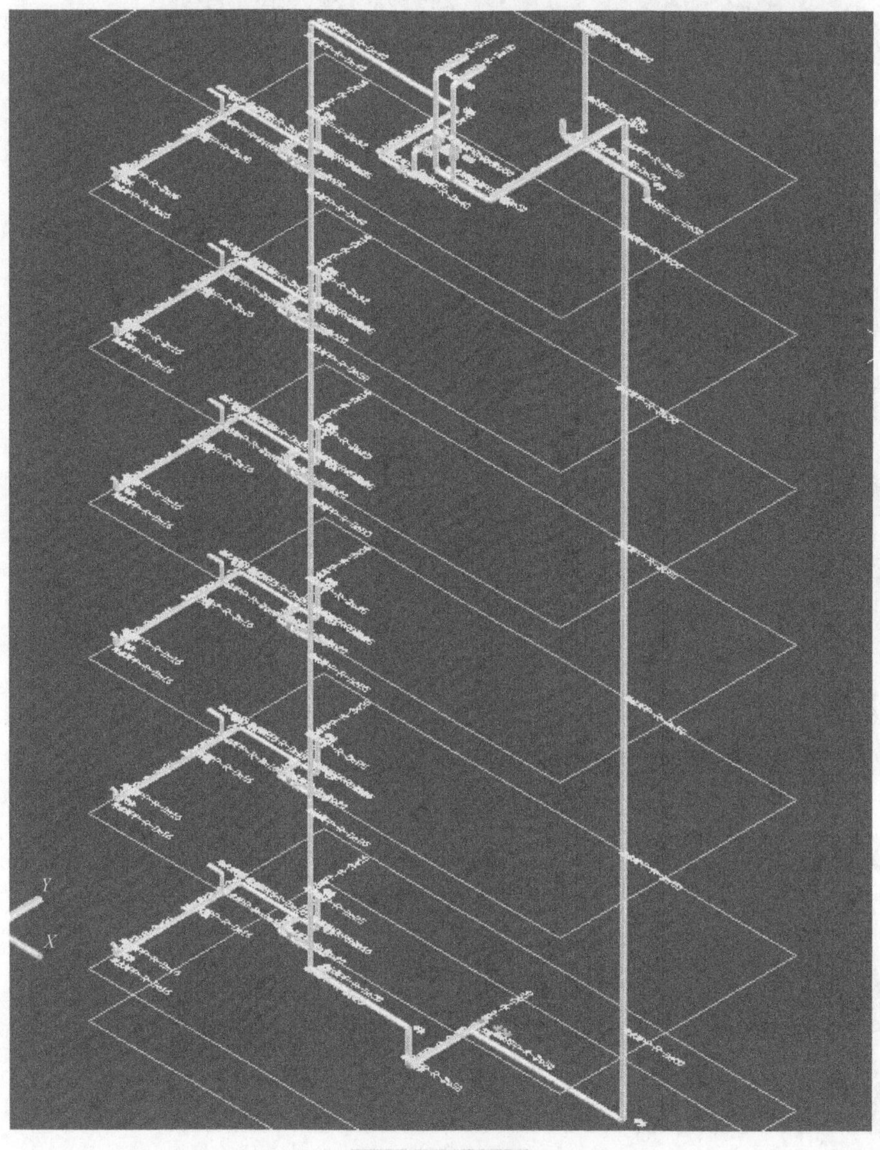

图 1-4　给水系统

3动画

案例一　给水系统

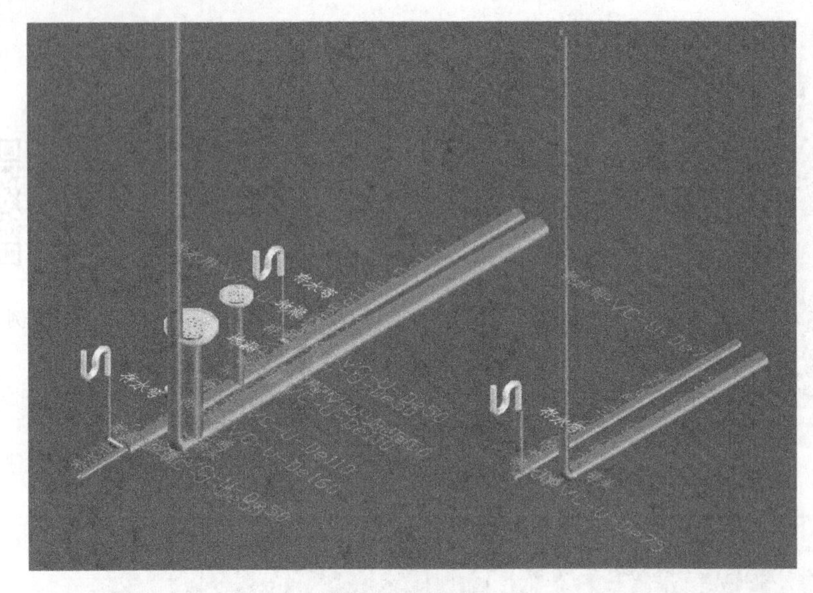

图 1-5　一层排水

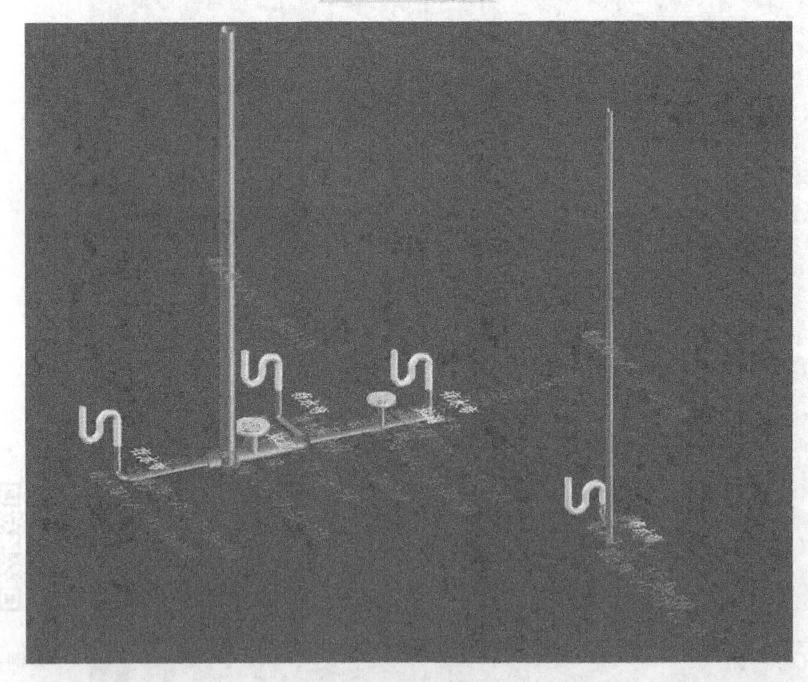

图 1-6　标准层排水

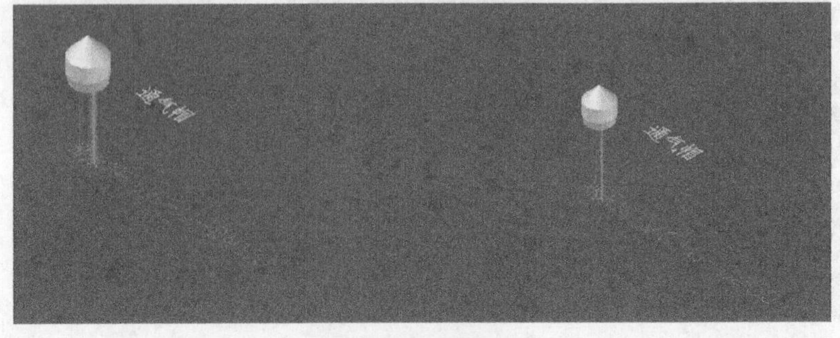

图 1-7　屋顶排水

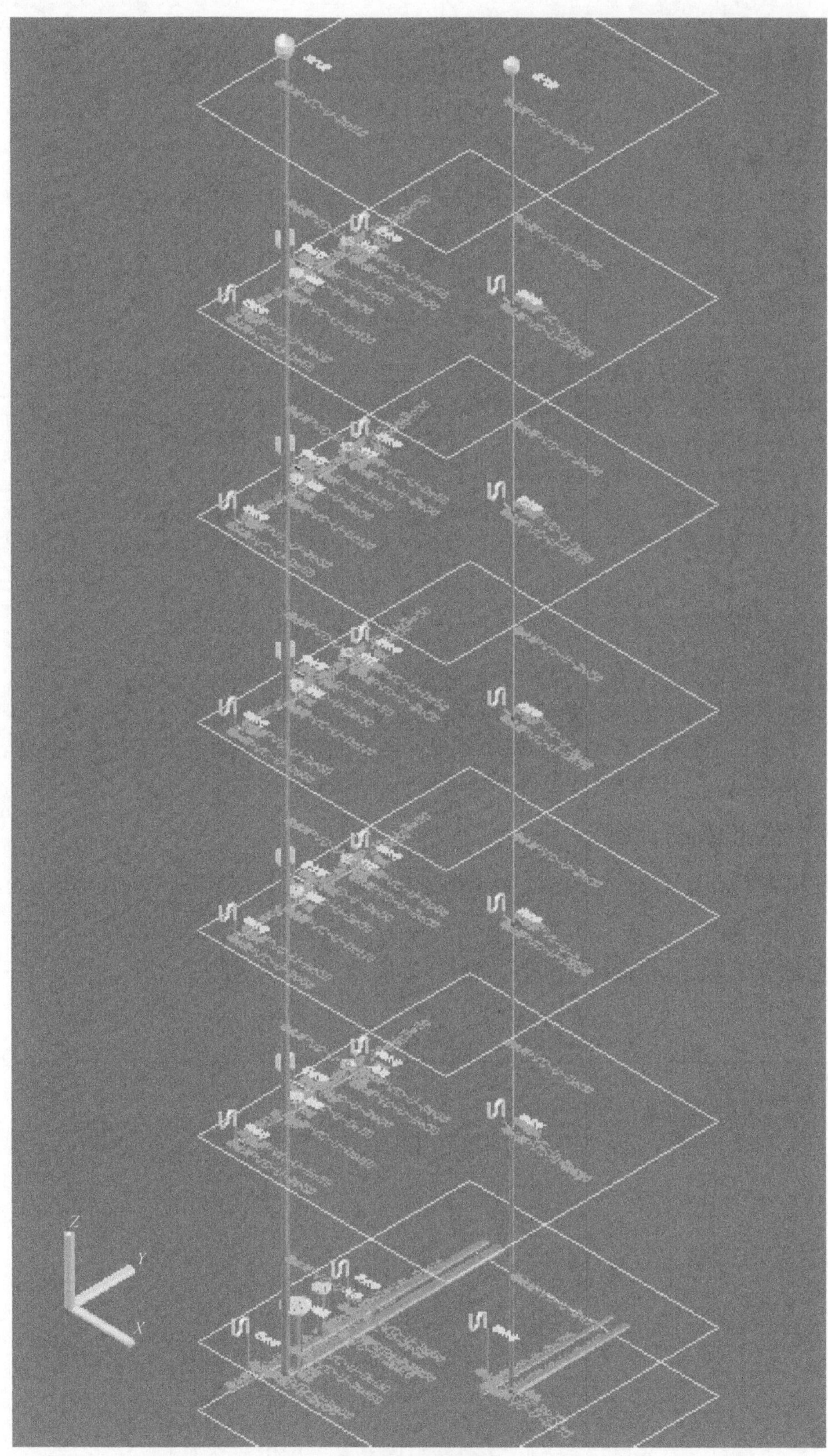

图 1-8　排水系统

4动画

案例一　排水系统

模块三　给排水工程清单工程量计算

一、给水管道的计算

管道工程量的计算是安装工程计算的主要内容。给水管道的计算要求是：平面尺寸在平面图中量取（注意图纸比例），垂直管道的尺寸按系统图标高推算。管道的管径变化，在图中管径的变化点有时标注不会很清楚，需要在计算中自行判断。基本原则是：只有在出现支管的情况下才会有变径。

给水管道的计算要点如下：

（1）管道的系统性很强，管道都是连在一起的，因此管道计算要有一定的层次划分，按次序计算，才能保证不重复、不漏算；一般情况下按系统划分。

（2）计算时同一系统的计算顺序有两种：一种是先算平面尺寸，再算垂直尺寸；另一种是按照管道的走向计算。采用何种方法可以按自己读图的特点选择。

（3）工程量计算书的书写，计算书无规定的格式，但其有基本的要求，工程量计算书必须要别人很容易看懂，便于交流。在现行的造价管理要求中，工程量计算书是要求作为审计资料进行存档的。

二、排水管道的计算

排水管道的计算基本要求同给水管道。在排水管道中有一项计算内容与给水管道不同，就是排水管道的登高管，有存水弯的要扣除存水弯的高度，无存水弯的按水平主管至卫生洁具的高度推算（具体见工程量计算规则）。基本原则：主要为坐式大便器（无存水弯）和洗脸盆（存水弯在地面以上）可按水平主管算至楼面高度，其他不算。

三、给排水附件数量的计算

给排水附件数量的计算无一定的规则，以准确为基本要求，一般当数量较大时应以系统进行统计。

四、××给排水工程工程量计算书（表 1-3）

表 1-3　给排水工程工程量计算书

序号	计算部位	项目名称	计算公式	单位	工程量
一	给水系统(镀锌钢管)				
1	J/1	*DN*50	0.70	m	0.70
2		*DN*25	1.4＋2.3＋(0.85＋0.25)↑	m	4.80
3		*DN*20	3.00	m	3.00
4	JL-A	*DN*50	3.5＋3.1＋1.2＋(0.4＋0.2【水箱壁厚】＋0.1【箱内预留】)×2＋(18.5＋0.85)↑＋(20.35－0.3－18.5)×2↑	m	31.65
5	JL-1	*DN*40	(0.2＋0.1)＋0.5＋0.8＋1.9＋3.3＋[18.5＋0.2－(15＋0.25)]↓	m	10.25
6		*DN*32	3.00	m	3.00
7		*DN*25	3.00	m	3.00
8		*DN*20	3.00	m	3.00

续表

序号	计算部位	项目名称	计算公式	单位	工程量
9	溢水放空管	*DN*50	(0.2【水箱壁厚】+0.1【箱内预留】)+0.2+1.4+[(18.5−18.2)+(20.35−0.15−18.2)]	m	4.20
10	标准间(共6层)	*DN*20	0.75+0.5+1.5+1.35	m	4.10
11		*DN*15	0.35+1.5+[(0.63−0.25)↑+(1.0−0.25)↑+(0.45−0.25)↑]	m	3.18
二	排水系统(UPVC管)				
12	W/1	*DN*150	5.40	m	5.40
13		*DN*100	5+0.3+(0.75+0.1)↑【大便器】+(18+0.75+0.5)↓	m	25.40
14		*DN*50	1.3+0.2+0.75↑【浴缸】+0.75↑×2【地漏】+0.75↑【洗脸盆】	m	4.50
15	标准间(共5层)	*DN*100	0.4+0.4+(0.5+0.1)↑【大便器】	m	1.40
16		*DN*50	1.1+0.5+0.1+0.3+0.15+0.5↑×4	m	4.15
17	W/2	*DN*100	3.70	m	3.70
18		*DN*75	3.9+(0.5+18+0.75)↓	m	23.15
19		*DN*50	0.3×5+0.75↑	m	2.25
三	管线工程量汇总				
20	给水管	*DN*50	0.7+31.65+4.2	m	36.55
21		*DN*40	10.25	m	10.25
22		*DN*32	3.00	m	3.00
23		*DN*25	4.80+3	m	7.80
24		*DN*20	3+3+4.10×6	m	30.60
25		*DN*15	3.18×6	m	19.08
26	排水管	*DN*150	5.40	m	5.40
27		*DN*100	25.4+1.3×5+3.7	m	35.60
28		*DN*75	23.15	m	23.15
29		*DN*50	4.5+4.15×5+2.25	m	27.50
四	设备工程量统计				
30	给水系统	截止阀 *DN*50	3	只	3.00
31		截止阀 *DN*40	1	只	1.00
32		浮球阀 *DN*50	2	只	2.00
33		水表 LXS-20	6	组	6.00
34		水表 LXS-50	1	组	1.00

续表

序号	计算部位	项目名称	计算公式	单位	工程量
35	排水系统	浴盆	6	组	6.00
36		洗脸盆	6	组	6.00
37		洗菜盆	6	组	6.00
38		大便器	6	组	6.00
39		地漏 *DN*50	12	个	12.00

模块四　××给排水工程预算编制（成果）

现行的预算编制有两种模式，清单模式和计价表模式（标准预算模式），两者在计算结果上是完全一样的，只是在拆分组合上有所不同而已。所谓清单，从通俗意义上来讲，就是把原来的计价表预算，进行重新归类，分成一个比较容易确认的单元，以便于现场非预算人员应用的一个预算形式。清单模式和计价表模式的区别也只表现在分部分项工程的组成上，在措施项目、其他项目、规费和税金的表现形式上则是完全一样的。

清单项目工程量汇总是针对清单的特点，对工程量进行归类的一个过程，在实际操作过程中，当比较熟练的时候，有时会省略这一步。

一、清单编制要点

(1) 清单的工程量计算规则与计价表的计算规则有时会有所不同，在给排水工程中表现得较少，但在电气工程中表现得比较多，而且比较难以掌握；一个基本的原则就是工程量计算是以计价表工程量计算规则为主，清单规则在计价表规则的基础上进行了适当的简化修改，即清单计算规则是以图示工程量为基础，而计价表规则则考虑了一定的其他因素，如放坡、损耗等。

(2) 清单编制中的项目特征描述是清单编制的第二难点，清单的项目特征描述就是规定了本项清单所包括的内容，此内容在清单规范中有详细的规定，但这种规定在实际应用中很难保证每个都能记得很清楚，这是清单编制的一大难点。

原则上规范中规定的内容都可以放在本清单项中，同时为了便于实际应用，同一项内容还可能要根据现场的不同安装形式进行细分拆分，如何拆分则各个预算编制人员的观点各不一样，所以同一份预算，不同的人编制出来的结果不可能完全一样。

(3) 对于招投标工程来讲，清单的编制必须要以标底人员的划分为严格的标准，否则将无法进行评标，同时标底编制人员在编制时，对清单项目特征的描述则显得非常的重要，否则将会因理解不同而造成争议。

(4) 当对清单不熟悉时，或者对某个子目不甚了解时，可以采用对每个计价表编制一个清单的办法来编制，这是目前清单编制的一个比较实用或简便的办法。但在大多数情况下，清单编制对于绝大多数子目都已经有了固定的格式。

二、给排水工程预算书

预算书封面见图1-9，工程预算书相关表格见表1-4～表1-12。

预　算　总　价

招　标　人：

工 程 名 称：　　给排水案例

预算总价（小写）：　　41402.99 元

（大写）：　　肆万壹仟肆佰零贰元玖角玖分

编制单位：

法定代表人

或其授权人：

编　制　人：

编 制 日 期：

图 1-9　预算书封面

表 1-4 单位工程费用汇总表

序号	项目内容	金额/元	其中:暂估价/元
1	分部分项工程量清单	34855.66	18921.96
1.1	人工费	5232.34	
1.2	材料费	1234.38	18921.96
1.3	施工机具使用费	20.18	
1.4	未计价材料费	25542.45	
1.5	企业管理费	2093.27	
1.6	利润	733.05	
2	措施项目	1386.07	
2.1	单价措施项目费	296.35	
2.2	总价措施项目费	1089.72	
2.2.1	安全文明施工费	632.74	
3	其他项目		
3.1	其中:暂列金额		
3.2	其中:专业工程暂估价		
3.3	其中:计日工		
3.4	其中:总承包服务费		
4	规费	1058.26	
5	税金	4103.00	
6	工程总价=[1]+[2]+[3]+[4]-(甲供材料费+甲供设备费)/1.01+[5]	41402.99	18921.96

表 1-5 分部分项工程量清单

序号	项目编码	项目名称	计量单位	工程数量	金额/元		
					综合单价	合价	其中:暂估价
一		给排水工程案例				34855.66	18921.96
1	031001001001	镀锌钢管【室内;给水;镀锌钢管;$DN15$;螺纹连接;管道试压;冲洗】	m	19.08	35.02	668.18	
2	031001001002	镀锌钢管【室内;给水;镀锌钢管;$DN20$;螺纹连接;管道试压;冲洗】	m	30.6	37.23	1139.24	
3	031001001003	镀锌钢管【室内;给水;镀锌钢管;$DN25$;螺纹连接;管道试压;冲洗】	m	7.8	47.25	368.55	
4	031001001004	镀锌钢管【室内;给水;镀锌钢管;$DN32$;螺纹连接;管道试压;冲洗】	m	3	51.82	155.46	
5	031001001005	镀锌钢管【室内;给水;镀锌钢管;$DN40$;螺纹连接;管道试压,冲洗】	m	10.25	60.97	624.94	

续表

序号	项目编码	项目名称	计量单位	工程数量	金额/元		
					综合单价	合价	其中：暂估价
6	031001001006	镀锌钢管【室内；给水；镀锌钢管；*DN*50；螺纹连接；管道试压，冲洗】	m	36.55	69.71	2547.9	
7	031001006001	塑料管【室内；UPVC 排水管；*DN*50；零件粘接】	m	27.5	32.47	892.93	
8	031001006002	塑料管【室内；UPVC 排水管；*DN*75；零件粘接】	m	23.15	49.19	1138.75	
9	031001006003	塑料管【室内；UPVC 排水管；*DN*100；零件粘接】	m	35.6	69.78	2484.17	
10	031001006004	塑料管【室内；UPVC 排水管；*DN*150；零件粘接】	m	5.4	105.76	571.1	
11	031003001001	螺纹阀门【截止阀；J11T-16；*DN*50】	个	3	300.21	900.63	
12	031003001002	螺纹阀门【截止阀；J11T-16；*DN*40】	个	1	194.55	194.55	
13	031003001003	螺纹阀门【铜浮球阀安装；*DN*50】	个	2	331.02	662.04	
14	031003013001	水表【水表；*DN*20；螺纹连接；(含表前阀)】	组	6	147.99	887.94	
15	031003013002	水表【水表；*DN*50；螺纹连接；(含表前阀)】	组	1	407.84	407.84	
16	031004001001	浴缸【浴缸安装；冷热水】	组	6	1456.22	8737.32	8069.4
17	031004003001	洗脸盆【洗脸盆；冷热水】	组	6	807.39	4844.34	4369.26
18	031004004001	洗涤盆【不锈钢洗菜盆；冷水】	组	6	397.61	2385.66	2060.4
19	031004006001	大便器【坐便器】	组	6	818.1	4908.6	4422.9
20	031004014001	给、排水附(配)件【地漏 *DN*50】	个	12	27.96	335.52	
合　计						34855.66	

表 1-6　单价措施项目清单

序号	项目编码	项目名称	计量单位	工程数量	金额/元		
					综合单价	合价	其中：暂估价
1	031301017001	脚手架搭拆	项	1	296.35	296.35	
合　计						296.35	

表 1-7　单价措施项目清单综合单价分析表

序号	项目编码	项目名称	计量单位	工程数量	综合单价/元							项目合价
					人工费	材料费	机械费	主材费	管理费	利润	小计	
1	031301017001	脚手架搭拆	项	1	65.43	196.24			25.52	9.16	296.35	296.35
2	@	第 10 册脚手架搭拆费	元	1	65.43	196.24			25.52	9.16	296.35	296.35
合　计												296.35

表 1-8 总价措施项目清单与计价表

序号	项目编码	项目名称	计算基础	费率/%	金额/元	备注
1	031302001001	安全文明施工		100	632.74	
	1	基本费	分部分项工程费＋单价措施项目费－工程设备费	1.5	527.28	
	2	省级标化增加费	分部分项工程费＋单价措施项目费－工程设备费	0.3	105.46	
2	031302002001	夜间施工	分部分项工程费＋单价措施项目费－工程设备费	0		
3	031302003001	非夜间施工	分部分项工程费＋单价措施项目费－工程设备费	0		
4	031302005001	冬雨季施工	分部分项工程费＋单价措施项目费－工程设备费	0		
5	031302006001	已完工程及设备保护	分部分项工程费＋单价措施项目费－工程设备费	0		
6	031302008001	临时设施	分部分项工程费＋单价措施项目费－工程设备费	1.3	456.98	
7	031302009001	赶工措施	分部分项工程费＋单价措施项目费－工程设备费	0		
8	031302010001	工程按质论价	分部分项工程费＋单价措施项目费－工程设备费	0		
9	031302011001	住宅分户验收	分部分项工程费＋单价措施项目费－工程设备费	0		
合计					1089.72	

表 1-9 规费、税金项目计价表

序号	项目名称	计算基础	计算基数	计算费率/%	金额/元
1	规费	[1.1]＋[1.2]＋[1.3]	1058.26	100	1058.26
1.1	社会保险费	分部分项工程费＋措施项目费＋其他项目费－工程设备费	36241.73	2.4	869.8
1.2	住房公积金	分部分项工程费＋措施项目费＋其他项目费－工程设备费	36241.73	0.42	152.22
1.3	工程排污费	分部分项工程费＋措施项目费＋其他项目费－工程设备费	36241.73	0.1	36.24
2	税金	分部分项工程费＋措施项目费＋其他项目费＋规费－(甲供材料费＋甲供设备费)/1.01	37299.99	11	4103
合计					5161.26

表 1-10 材料暂估单价材料表

序号	材料编码	材料(工程设备)名称	规格型号	计量单位	数量	暂估单价/元	合价/元
1	14210102@4	金属软管		个	18.12	15	271.8
2	16413540@5	角阀		个	18.18	18	327.24
3	18010361@3	搪瓷浴盆		个	6	850	5100
4	18090101@8	洗面盆		套	6.06	380	2302.8
5	18130101@11	不锈钢洗菜盆		只	6.06	180	1090.8
6	18150322@15	连体坐便器		套	6.06	650	3939
7	18410301@10	不锈钢洗菜盆水嘴		个	6.06	150	909
8	18413505@7	洗脸盆水嘴 *DN*15		个	12.12	120	1454.4
9	18413512@2	浴盆水嘴 *DN*15		个	12.12	220	2666.4
10	18430101@9	排水栓		套	6.06	10	60.6
11	18470308@6	洗脸盆下水口(铜)		个	6.06	35	212.1
12	18551704@13	坐便器桶盖		个	6.06	25	151.5
13	18553508@12	连体排水口配件		套	6.06	10	60.6
14	18553515@14	连体进水阀配件		套	6.06	12	72.72
15	18553523@1	浴盆排水配件		套	6.06	50	303
合计							18921.96

表 1-11 主要材料价格表

序号	材料名称	规格型号	单位	单价/元	数量	合价/元	备注
1	热镀锌钢管 *DN*15		m	6.9	19.4616	134.29	
2	热镀锌钢管 *DN*20		m	8.94	31.212	279.04	
3	热镀锌钢管 *DN*25		m	13.06	7.956	103.91	
4	热镀锌钢管 *DN*32		m	16.98	3.06	51.96	
5	热镀锌钢管 *DN*40		m	20.8	10.455	217.46	
6	热镀锌钢管 *DN*50		m	26.44	37.281	985.71	
7	金属软管		个	15	18.12	271.8	
8	承插塑料排水管 d_n50		m	7.53	26.5925	200.24	

续表

序号	材料名称	规格型号	单位	单价/元	数量	合价/元	备注
9	承插塑料排水管 d_n75		m	12.55	22.2935	279.78	
10	承插塑料排水管 d_n110		m	23.32	30.3312	707.32	
11	承插塑料排水管 d_n160		m	44	5.1138	225.01	
12	承插塑料排水管件 d_n50		个	5.27	24.805	130.72	
13	承插塑料排水管件 d_n75		个	8.79	24.9094	218.95	
14	承插塑料排水管件 d_n110		个	16.32	40.5128	661.17	
15	承插塑料排水管件 d_n160		个	30.8	3.7692	116.09	
16	截止阀 *DN*40;J11W-16T		个	149.79	1.01	151.29	
17	截止阀 *DN*50;J11W-16T		个	247.72	3.03	750.59	
18	铜浮球阀 *DN*50		个	294.12	2	588.24	
19	角阀		个	18	18.18	327.24	
20	搪瓷浴盆		个	850	6	5100	
21	洗面盆		套	380	6.06	2302.8	
22	不锈钢洗菜盆		只	180	6.06	1090.8	
23	连体坐便器		套	650	6.06	3939	
24	不锈钢洗菜盆水嘴		个	150	6.06	909	
25	洗脸盆水嘴 *DN*15		个	120	12.12	1454.4	
26	浴盆水嘴 *DN*15		个	220	12.12	2666.4	
27	排水栓		套	10	6.06	60.6	
28	地漏 *DN*50		个	6.5	12	78	
29	洗脸盆下水口(铜)		个	35	6.06	212.1	
30	坐便器桶盖		个	25	6.06	151.5	
31	连体排水口配件		套	10	6.06	60.6	
32	连体进水阀配件		套	12	6.06	72.72	
33	浴盆排水配件		套	50	6.06	303	
34	水表;*DN*20		只	82.62	6	495.72	
35	螺纹水表;*DN*50		只	244.8	1	244.8	
合计						25542.25	

表 1-12 分部分项工程量清单综合单价分析表

序号	项目编码	项目名称	计量单位	工程数量	综合单价/元							项目合价/元
					人工费	材料费	机械费	主材费	管理费	利润	小计	
1	1	给排水工程案例										34855.66
2	031001001001	镀锌钢管【室内;给水;镀锌钢管;DN15;螺纹连接;管道试压;冲洗】	m	19.08	16.06	3.24		7.04	6.43	2.25	35.02	668.18
3	C10-159	室内镀锌钢管(螺纹连接)DN15 以内	10m	0.1	156.62	30.08		70.38	62.65	21.93	341.66	34.17
4	C10-371	管道消毒、冲洗 DN50 以内	100m	0.01	40.18	23.16			16.07	5.63	85.04	0.85
5	031001001002	镀锌钢管【室内;给水;镀锌钢管;DN20;螺纹连接;管道试压;冲洗】	m	30.6	16.06	3.37		9.12	6.43	2.25	37.23	1139.24
6	C10-160	室内镀锌钢管(螺纹连接)DN20 以内	10m	0.1	156.62	31.4		91.19	62.65	21.93	363.79	36.38
7	C10-371	管道消毒、冲洗 DN50 以内	100m	0.01	40.18	23.16			16.07	5.63	85.04	0.85
8	031001001003	镀锌钢管【室内;给水;镀锌钢管;DN25;螺纹连接;管道试压;冲洗】	m	7.8	19.26	4.19	0.08	13.32	7.7	2.7	47.25	368.55
9	C10-161	室内镀锌钢管(螺纹连接)DN25 以内	10m	0.1	188.6	39.6	0.83	133.21	75.44	26.4	464.08	46.41
10	C10-371	管道消毒、冲洗 DN50 以内	100m	0.01	40.18	23.16			16.07	5.63	85.04	0.85
11	031001001004	镀锌钢管【室内;给水;镀锌钢管;DN32;螺纹连接;管道试压;冲洗】	m	3	19.26	4.76	0.08	17.32	7.7	2.7	51.82	155.46
12	C10-162	室内镀锌钢管(螺纹连接)DN32 以内	10m	0.1	188.6	45.25	0.83	173.2	75.44	26.4	509.72	50.97
13	C10-371	管道消毒、冲洗 DN50 以内	100m	0.01	40.18	23.16			16.07	5.63	85.04	0.85
14	031001001005	镀锌钢管【室内;给水;镀锌钢管;DN40;螺纹连接;管道试压,冲洗】	m	10.25	22.87	4.44	0.08	21.22	9.15	3.21	60.97	624.94
15	C10-163	室内镀锌钢管(螺纹连接)DN40 以内	10m	0.1	224.68	42.12	0.83	212.16	89.87	31.46	601.12	60.11
16	C10-371	管道消毒、冲洗 DN50 以内	100m	0.01	40.18	23.16			16.07	5.63	85.04	0.85
17	031001001006	镀锌钢管【室内;给水;镀锌钢管;DN50;螺纹连接;管道试压,冲洗】	m	36.55	23.36	6.54	0.23	26.97	9.34	3.27	69.71	2547.9

续表

序号	项目编码	项目名称	计量单位	工程数量	综合单价/元							项目合价/元
					人工费	材料费	机械费	主材费	管理费	利润	小计	
18	C10-164	室内镀锌钢管(螺纹连接)*DN*50以内	10m	0.1	229.6	63.12	2.31	269.69	91.84	32.14	688.7	68.87
19	C10-371	管道消毒、冲洗*DN*50以内	100m	0.01	40.18	23.16			16.07	5.63	85.04	0.85
20	031001006001	塑料管【室内;UPVC排水管;*DN*50;零件粘接】	m	27.5	11.89	2	0.11	12.04	4.76	1.67	32.47	892.93
21	C10-309	室内承插塑料排水管PVC-U 50	10m	0.1	118.9	19.99	1.11	120.36	47.56	16.65	324.57	32.46
22	031001006002	塑料管【室内;UPVC排水管;*DN*75;零件粘接】	m	23.15	16.24	2.54	0.11	21.54	6.49	2.27	49.19	1138.75
23	C10-310	室内承插塑料排水管PVC-U 75	10m	0.1	162.36	25.44	1.11	215.44	64.94	22.73	492.02	49.2
24	031001006003	塑料管【室内;UPVC排水管;*DN*100;零件粘接】	m	35.6	18.04	3.44	0.11	38.44	7.22	2.53	69.78	2484.17
25	C10-311	室内承插塑料排水管PVC-U 100	10m	0.1	180.4	34.39	1.11	384.41	72.16	25.26	697.73	69.77
26	031001006004	塑料管【室内;UPVC排水管;*DN*150;零件粘接】	m	5.4	25.5	3.21	0.11	63.17	10.2	3.57	105.76	571.1
27	C10-312	室内承插塑料排水管PVC-U 150	10m	0.1	255.02	32.09	1.11	631.66	102.01	35.7	1057.59	105.76
28	031003001001	螺纹阀门【截止阀;J11T-16;*DN*50】	个	3	19.68	19.7		250.2	7.87	2.76	300.21	900.63
29	C10-423	截止阀*DN*50;J11W-16T	个	1	19.68	19.7		250.2	7.87	2.76	300.21	300.21
30	031003001002	螺纹阀门【截止阀;J11T-16;*DN*40】	个	1	19.68	12.95		151.29	7.87	2.76	194.55	194.55
31	C10-422	截止阀*DN*40;J11W-16T	个	1	19.68	12.95		151.29	7.87	2.76	194.55	194.55
32	031003001003	螺纹阀门【铜浮球阀安装;*DN*50】	个	2	19.68	6.59		294.12	7.87	2.76	331.02	662.04

续表

序号	项目编码	项目名称	计量单位	工程数量	综合单价/元							项目合价/元
					人工费	材料费	机械费	主材费	管理费	利润	小计	
33	C10-494	铜浮球阀 *DN*50	个	1	19.68	6.59		294.12	7.87	2.76	331.02	331.02
34	031003013001	水表【水表;*DN*20;螺纹连接;(含表前阀)】	组	6	31.16	17.39		82.62	12.46	4.36	147.99	887.94
35	C10-627	螺纹水表安装 *DN*20 以内	组	1	31.16	17.39		82.62	12.46	4.36	147.99	147.99
36	031003013002	水表【水表;*DN*50;螺纹连接;(含表前阀)】	组	1	62.32	67.07		244.8	24.93	8.72	407.84	407.84
37	C10-631	螺纹水表安装 *DN*50 以内	组	1	62.32	67.07		244.8	24.93	8.72	407.84	407.84
38	031004001001	浴缸【浴缸安装;冷热水】	组	6	66.91	8.27		1344.9	26.77	9.37	1456.22	8737.32
39	C10-660	冷热水搪瓷浴盆安装	10 组	0.1	669.12	82.72		13449	267.65	93.68	14562.17	1456.22
40	031004003001	洗脸盆【洗脸盆;冷热水】	组	6	45.35	9.34		728.21	18.14	6.35	807.39	4844.34
41	C10-672	洗脸盆安装 冷热水	10 组	0.1	453.46	93.43		7282.1	181.38	63.48	8073.85	807.39
42	031004004001	洗涤盆【不锈钢洗菜盆;冷水】	组	6	30.18	7.73		343.4	12.07	4.23	397.61	2385.66
43	C10-681	不锈钢洗菜盆;冷水	10 组	0.1	301.76	77.26		3434	120.7	42.25	3975.97	397.6
44	031004006001	大便器【坐便器】	组	6	47.31	8.09		737.15	18.93	6.62	818.1	4908.6
45	C10-705	连体水箱坐便器安装	10 套	0.1	473.14	80.88		7371.5	189.26	66.24	8181.02	818.1
46	031004014001	给、排水附(配)件【地漏 *DN*50】	个	12	12.46	2.26		6.5	4.99	1.75	27.96	335.52
47	C10-749	地漏 *DN*50	10 个	0.1	124.64	22.62		65	49.86	17.45	279.57	27.96
		合　计										34855.66

××电气工程预算编制

模块一　实训任务说明

一、工程概况

本案例选用单层活动间，层高 3.1m（净高 3m）；活动间内设置配电箱一只，因本案例仅节选单间活动室，因此单独设置了一套独立接地系统；本工程室内外高差为 0.3m，室外钢管埋地深度为－0.8m，室外接地采用－25×4 镀锌扁钢，埋地深度为－0.7m，接地极采用 *DN*40 镀锌钢管（*L*＝2.5m），工程中采用的各种电器安装高度如表 2-1 所示。

表 2-1　电器安装高度

序号	名称	型号规格	安装高度	备注
1	单联单控开关	A86K11-10	底边距地 1.3m	
2	双联单控开关	A86K21-10	底边距地 1.3m	
3	暗插座	A86Z13A15	底边距地 2.3m	
4	暗插座	A86Z223A10	底边距地 0.3m	
5	荧光灯	YG2-2，2×40W	吸顶安装	
6	半球吸顶灯	40W	吸顶安装	
7	配电箱	PZ30	底边距地 1.5m	尺寸 500mm×500mm×180mm

二、编制说明

1. 各类费用计取说明

（1）工程类别：本工程按三类工程取费，管理费率 40%；利润 14%。

（2）措施项目费的计取：安全文明施工费基本费 1.5%；省级标化增加费 0.3%；临时设施费 1.3%，其他措施费用不计取。

（3）规费的计取：工程排污费0.1%；社会保障费2.4%；住房公积金0.42%。

（4）税金按增值税11%计取。

（5）安装工程人工单价的取定：一、二、三类工分别为85元/工日、82元/工日、77元/工日执行。

（6）主材价格采用除税指导价，见主要材料价格表；辅材价格不调整。

（7）机械台班单价按江苏省2014机械台班定额执行（其中机械费中的人工、材料单价皆不调整）。

2. 电气部分说明

（1）管道埋设符号说明：FC为沿地面暗敷；MC为沿墙暗敷；CC为沿顶板暗敷。

（2）电气管道在室内地面或楼板内暗敷，埋深皆按100mm统一考虑。

（3）配电箱出线，管道往下从地面敷设时，按从电箱底出线；管道从顶板敷设时，按从箱顶部出线（两者相差一个电箱高度）。

（4）电箱总进线只预留管道，不考虑进线电缆，进线管道长度按出外墙皮1.5m计。

（5）配线全部采用暗敷，其中照明线路中未标注电线根数的皆为2根线，当电线为2根时穿JDG15管道，3～5根时穿JDG20管道，6～7根时穿JDG25管道；插座管道皆采用SC镀锌钢管。

（6）本工程挖土工程量暂不考虑。

三、实训时提供的资料

（1）施工图纸（标注尺寸的图纸，没有标注尺寸的图纸电子稿可以在教学资源网www.cipedu.com.cn输入本教材自行下载）；

（2）主要材料价格表；

（3）暂估价材料表。

四、实训要求

按规定完成工程量计算和工程预算书的编制，提交的实训成果包括：

1. 工程量计算书（手写稿）

2. 工程预算书（其中应包括以下内容）

（1）预算书封面；

（2）单位工程费用汇总表；

（3）分部分项工程量清单；

（4）单价措施项目清单；

（5）单价措施项目清单综合单价分析表；

（6）总价措施项目清单与计价表；

（7）规费、税金项目计价表；

（8）材料暂估单价材料表；

（9）主要材料价格表；

（10）分部分项工程量清单综合单价分析表。

五、实训原始资料

1. 图纸（见案例二图纸）

2. 主要材料价格表（表2-2）

表 2-2 主要材料价格表

序号	材料名称	规格型号	单位	单价/元	备注
1	焊接钢管	20mm	m	8.94	
2	焊接钢管	100mm	m	58.53	
3	吸顶灯;1×32W		套	65	
4	双管荧光灯;YG2-2;2×40W		套	75	
5	单联单控开关;A86K11-10		只	5.8	
6	双联单控开关;A86K21-10		只	9.77	
7	单相三眼插座;A86Z13A15		套	9.8	
8	单相五眼插座;A86Z223A10		套	9.52	
9	BV-2.5		m	1.55	
10	BV-4		m	2.38	
11	紧定式镀锌电线管	15mm	m	4.44	
12	紧定式镀锌电线管	20mm	m	5.08	
13	紧定式镀锌电线管	25mm	m	8.48	
14	接线盒		只	1.25	
15	配电箱 PZ30;500mm×500mm×180mm		台	650	
16	钢管接地极;*DN*40;*L*=2.5m		根	54.6	
17	户内接地母线—25×4 镀锌扁钢		m	3.85	

3. 暂估价材料表（表 2-3）

表 2-3 暂估价材料表

序号	材料(工程设备)名称	规格型号	单位	暂估单价/元
1	吸顶灯;1×32W		套	65
2	双管荧光灯;YG2-2;2×40W		套	75
3	单联单控开关;A86K11-10		只	5.8
4	双联单控开关;A86K21-10		只	9.77
5	单相三眼插座;A86Z13A15		套	9.8
6	单相五眼插座;A86Z223A10		套	9.52
7	配电箱 PZ30;500mm×500mm×180mm		台	650

案例二 图纸

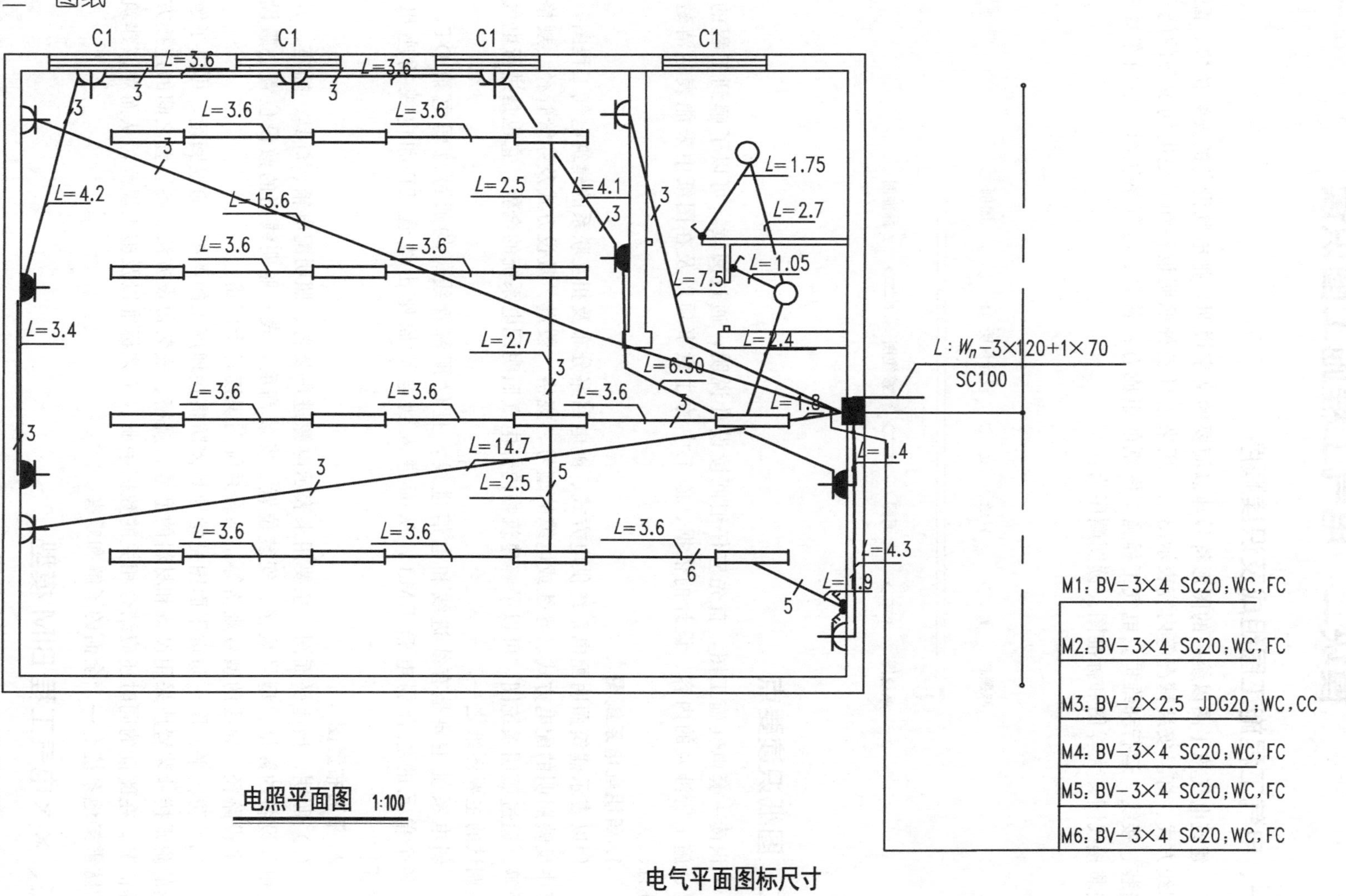

电照平面图 1:100

电气平面图标尺寸

模块二　电气工程施工图识读

一、电气工程施工图组成及识读顺序

建筑电气施工图以统一的图形符号辅以简要的文字说明，把电气设备的安装位置、配管配线方式、灯具安装情况等内容表示出来，用来指导各种照明设备和其他电气设备的施工、安装、接线、运行和维护。电气工程施工图纸的组成有：首页、电气系统图、平面布置图、安装接线图、大样图和标准图。读图顺序为：

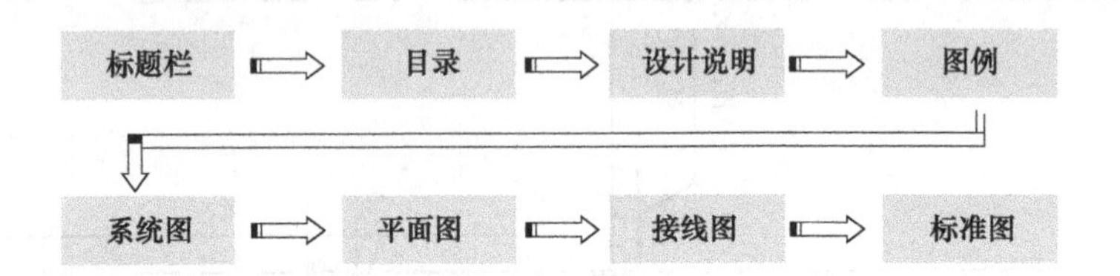

二、图纸识读要点

识读一套电气施工图，首先应仔细阅读设计说明，通过阅读，可以了解到工程的概况、施工所涉及的内容、设计的依据、施工中的注意事项以及在图纸中未能表达清楚的事宜。

1. 照明配电系统图

用以表示建筑照明配电系统供电方式、配电回路分布及相互联系的建筑电气工程图，能集中反映照明的配电方式、导线或电缆的型号、规格、数量、敷设方式及穿管管径、规格型号等。通过照明系统图，可以了解建筑物内部电气照明配电系统的全貌，它也是进行电气安装调试的主要图纸之一。

弱电系统主要是有线进线和电信进线，且仅预留管线。均通过总弱电箱 DT，进入各个单元的综合弱电箱 DMT，从而进入到电话插座出线盒 TP 和电视插座出线盒 TV。

2. 平面布置图

(1) 照明、插座平面图　主要用来表示电源进户装置、照明配电箱、灯具、插座、开关等电气设备的数量、型号规格、安装位置、安装高度，表示照明线路的敷设位置、敷设方式、敷设路径、导线的型号规格等。结合系统图识读各个回路。

(2) 防雷平面图　防雷平面图是指导具体防雷接地施工的图纸。通过阅读，可以了解工程的防雷接地装置所采用设备和材料的型号、规格、安装敷设方法、各装置之间的连接方式等情况，在阅读的同时还应结合相关的数据手册、工艺标准以及施工规范，从而对该建筑物的防雷接地系统有一个全面的了解和掌握。

三、××电气工程 BIM 模型

××电气工程 BIM 模型参见图 2-1～图 2-7。

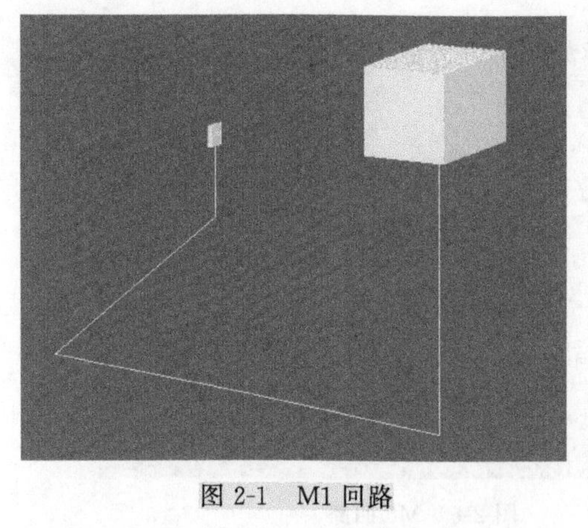

图 2-1　M1 回路

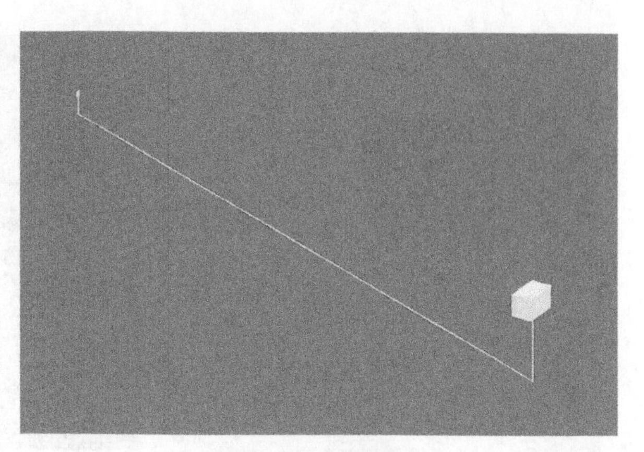

图 2-2　M2 回路

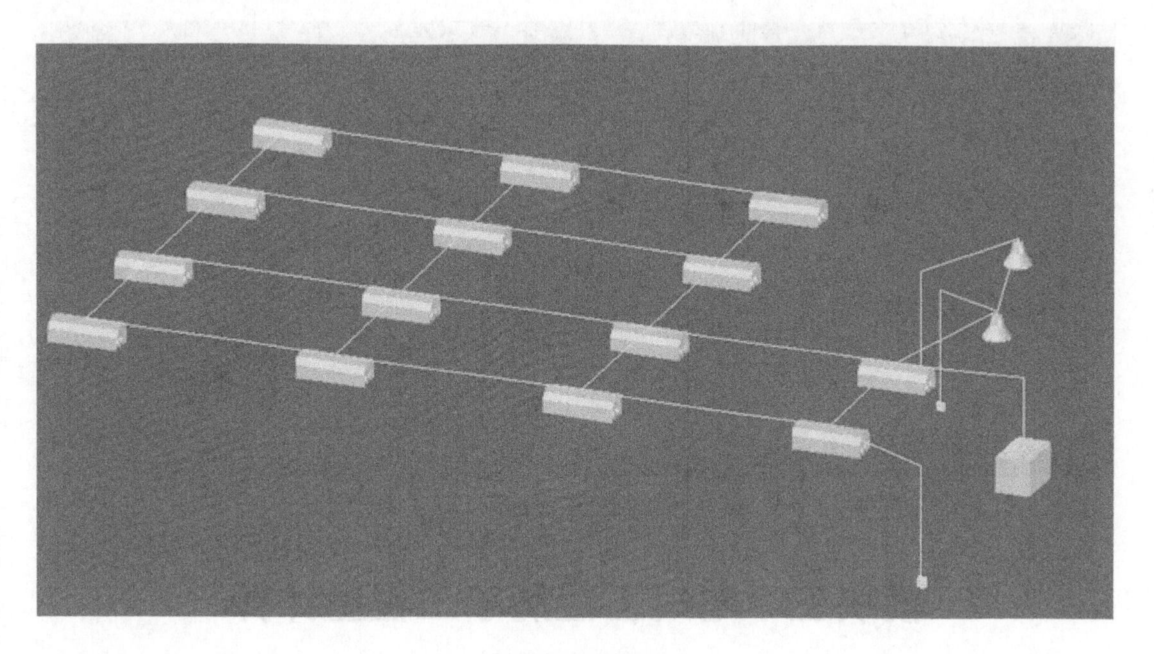

图 2-3　M3 回路

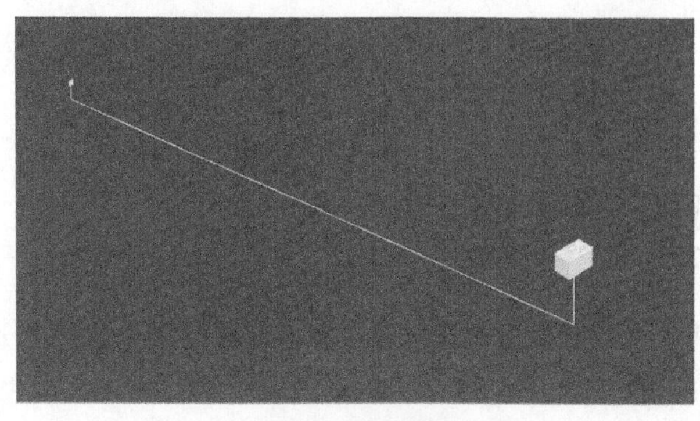

图 2-4　M4 回路

图 2-5　M6 回路

5动画

案例二　电气系统

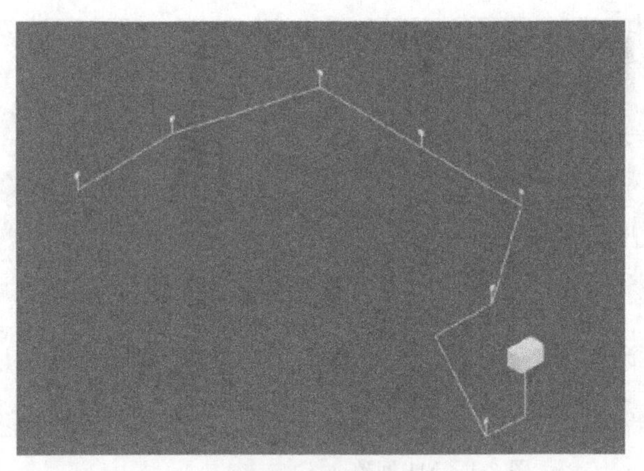

图 2-6　M5 回路

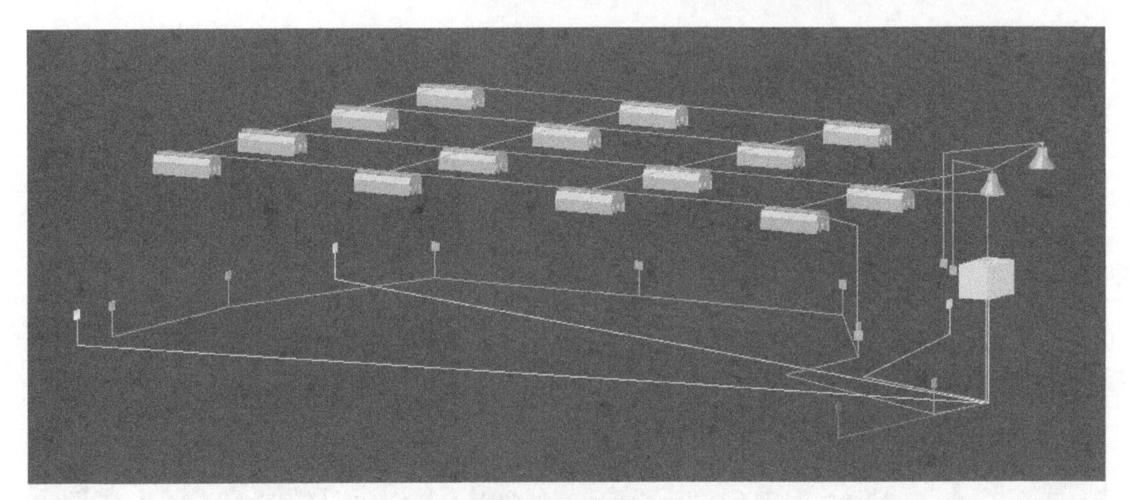

图 2-7　电气系统

模块三　电气工程清单工程量计算

一、进户装置

若从户外以电缆引入户内的进线，则在照明工程中只考虑低压电缆终端头的制作与安装，其引接线的安装计入外网工程。

二、照明工程量计算要点

1. 计算项目

计算照明工程量时应根据电气工程施工图，按计价定额中的子目划分分部列项计算，计算出的工程量的单位应与计价表中规定的一致，以便于正确套用。

2. 计算方法

工程量计算必须按规定的计算规则计算。照明工程量根据该项工程电气设计施工的照明平面图、照明系统图以及设备材料表等进行计算。

3. 例外情况

除了施工图上所表示的分项工程外，还应计算施工图纸中没有表示出来，但施工中又必须进行的工程项目，以免漏项。如在遇到建筑物沉降缝时，暗配管工程应作接线箱过渡等。

4. 计算程序

根据照明平面图和系统图，按进户线，总配电箱，向各照明分配电箱配线，经各照明分配电箱向灯具、用电器具的顺序逐项进行计算。

三、配电箱安装工程量计算

配电箱预算列项：

1. 成套配电箱

(1) 成套配电箱安装；

(2) 成套配电箱价值。

2. 非成套配电箱

(1) 配电箱制作（区分铁质、木质）；

(2) 配电板制作；

(3) 配电板安装；

(4) 配电板上电器元件安装；

(5) 盘内配线；

(6) 配电箱安装（同成套配电箱安装）。

四、配管配线工程量计算

1. 配管配线

配管线路安装预算由两部分组成，管路敷设（即配管）和管内穿线（即配线）。

2. 配管

配管项目是根据管子的材质、敷设方式、敷设部位分部列项。计价定额工作内容包括测位、画线、打眼、埋螺栓、锯管、套螺纹、煨弯、配管、接管、接地、刷漆等。

计价定额中各种线管均为未计价材料，应另行计算。配管所用的钢结构支架制作，钢索架设及动力配管混凝土地面刨沟等，均需另外套用相应的定额计入预算中。

五、配管工程量计算方法

(1) 计算程序是根据配管配线平面图和系统图，按进户线，总配电箱，沿管线向各照明分配电箱配线，经各照明分配电箱向灯具、用电电器配管配线的顺序逐项进行计算。一般宜按一定顺序自电源侧逐一向用电侧进行，列出简明的计算式，既防止漏项、重复，也便于复核。

(2) 从配电箱起按各个回路进行计算，或按建筑物自然层划分计算，或按建筑平面形状特点及系统图的组成特点分片划块计算，然后汇总，切忌“跳算”，防止混乱，影响工程量计算的准确性。

(3) 水平方向敷设的线管，以施工平面布置图的线管走向、敷设部位和设备安装位置的中心点为依据，并借用建筑物平面图所标墙、柱轴线尺寸进行线管长度的计算。

(4) 垂直方向敷设的线管（沿墙、柱引上或引下），其配管长度一般应根据楼层高度及箱、柜、盘、板、开关等设备安装高度进行计算。

① 其工程量计算与楼层高度及箱、柜、盘、板、开关等设备安装高度有关。无论配管是明敷或暗敷均按图计算线管长度。

② 一般情况下，拉线开关距顶棚 200～300mm；跷板开关、插座底距地面距离为 1300mm；配电箱底部距地面距离为 1500mm。要注意从设计图纸或安装规范中查找有关

数据。

③ 垂直方向敷设的配管长度＝楼层高度－电器设备距楼地面安装高度－设备自身高度。

(5) 当配管埋地敷设（FC）时，水平方向的配管按墙、柱轴线尺寸及设备定位尺寸进行计算。穿出地面向设备或向墙上电气设备配管时，按埋的深度和引向墙、柱的高度进行计算。

六、管内配线工程量计算

配管工程完成后，进行管内穿绝缘导线。管内配穿线工程量，应区别线路性质、导线材质、导线截面，以单线“延长米”为计量单位计算。

管内穿线长度＝(配管长度＋导线预留长度)×同截面导线根数

管内穿线工程量计算应注意的问题：

(1) 计算出管长以后，要具体分析管两端连接的是何种设备。

① 如果相连的是盒（接线盒、灯头盒、开关盒、插座盒）和接线箱时，因为穿线项目中分别综合考虑了进入灯具及明暗开关、插座、按钮等预留导线的长度，因此穿线工程量不必考虑预留。

单线延长米＝管长×管内穿线的根数(型号、规格相同)

② 如果相连的是设备，那么穿线工程量必须考虑预留。

单线延长米＝(管长＋管两端所接设备的预留长度)×管内穿线根数

(2) 导线与设备相连时需设焊（压）接线端子，以“个”为计量单位，根据进出配电箱、设备的配线规格、根数计算，套用相应定额。

七、接线箱、接线盒、照明器具、开关、按钮、插座安装、电气调整试验工程量计算

(1) 接线箱安装工程量，应区别安装形式（明装、暗装）及接线箱半周长，以“个”为计量单位计算。

(2) 接线盒安装工程量，应区别安装形式（明装、暗装、钢索上）以及接线盒类型，以“个”为计量单位计算。

(3) 灯具、明（暗）开关、插座、按钮等的预留线，已分别综合在相应定额内，不另行计算。

(4) 普通灯具安装的工程量，应区别灯具的种类、型号、规格，以“套”为计量单位计算。

模块四　××电气工程预算编制（成果）

一、电气工程工程量计算书（表 2-4）

表 2-4　电气工程工程量计算书

序号	计算部位	项目名称	计 算 式	单位	工程量
1	L(进户)	SC100	0.15+1.5+(0.8+0.3+1.5)↑	m	4.25
2	M1	SC20	7.5+(1.5+0.1)↑+(2.3+0.1)↑	m	11.50
3		BV4	11.5*3+(0.5+0.5)*3	m	37.50
4	M2	SC20	15.6+(1.5+0.1)↑+(2.3+0.1)↑	m	19.60
5		BV4	19.6*3+(0.5+0.5)*3	m	61.80

续表

序号	计算部位	项目名称	计　算　式	单位	工程量
6	M3	JDG25(6 线)	3.60	m	3.60
7		JDG20(5 线)	2.5＋1.9＋(3－0.1－1.3)↑	m	6.20
8		JDG20(3 线)	3.6＋2.7	m	6.30
9		JDG15(2 线)	1.8＋2.4＋2.7＋1.05＋1.75＋2.5＋7.2 * 4＋(3＋0.1－1.3)↑ * 2＋(3＋0.1－1.5－0.5)↑	m	45.70
10		BV2.5	45.7 * 2＋6.3 * 3＋6.2 * 5＋3.6 * 6＋(0.5＋0.5) * 2	m	164.90
11	M4	SC20	14.7＋(1.5＋0.1)↑＋(2.3＋0.1)↑	m	18.70
12		BV4	18.7 * 3＋(0.5＋0.5) * 3	m	59.10
13	M5	SC20	1.4＋6.5＋4.1＋3.6＋3.6＋4.2＋3.4＋(1.5＋0.1)↑＋(0.3＋0.1)↑ * 13	m	33.60
14		BV4	33.6 * 3＋(0.5＋0.5) * 3	m	103.80
15	M6	SC20	4.3＋(3－1.5－0.5＋0.1)↑＋(3＋0.1－2.3)↑	m	6.20
16		BV4	6.2 * 3＋(0.5＋0.5) * 3	m	21.60
17	户外接地	25×4	5＋5＋3＋0.15＋(0.7＋0.3＋1.5)↑ * (1＋3.9%)	m	16.26
一	管线工程量汇总				
18	管道	SC100	4.25	m	4.25
19		SC20	11.5＋19.6＋18.7＋33.6＋6.2	m	89.60
20		JDG25	3.60	m	3.60
21		JDG20	6.2＋6.3	m	12.50
22		JDG15	45.70	m	45.70
23	电气配线	BV4	37.5＋61.8＋59.1＋103.8＋21.6	m	283.80
24		BV2.5	164.90	m	164.90
25	镀锌扁钢—25×4		16.26	m	16.26
二	设备工程量统计				
26	M 配电箱 PZ30		1.00	台	1.00
27	无端子外部接线 $2.5mm^2$		2.00	个	2.00
28	无端子外部接线 $4mm^2$		5 * 3	个	15.00
29	暗开关 A86K11-10		2.00	套	2.00
30	暗开关 A86K21-10		2.00	套	2.00
31	暗插座 A86Z13A15		4.00	套	4.00
32	暗插座 A86Z223A10		7.00	套	7.00
33	半圆球吸顶灯 40W		2.00	套	2.00
34	双管荧光灯 YG-2;2×40W		2.00	套	2.00
35	断接卡子		1.00	套	1.00
36	镀锌钢管接地极 *DN*40×2500		3.00	根	3.00
37	接地极调试		1.00	组	1.00

二、电气工程预算书

预算书封面见图 2-8，工程预算书相关表格见表 2-5～表 2-13。

预 算 总 价

招　标　人：

工 程 名 称：　　　　电气案例

预算总价(小写)：　　　　9894.47 元

(大写)：　　　　玖仟捌佰玖拾肆元肆角柒分

编制单位：

法定代表人

或其授权人：

编　制　人：

编 制 日 期：

图 2-8　预算书封面

表 2-5 单位工程费用汇总表

序号	项目内容	金额/元	其中:暂估价/元
1	分部分项工程量清单	8307.48	1981.51
1.1	人工费	2050.11	
1.2	材料费	363.55	1981.51
1.3	施工机具使用费	104.39	
1.4	未计价材料费	4681.23	
1.5	企业管理费	821.65	
1.6	利润	286.58	
2	措施项目	353.56	
2.1	单价措施项目费	93.14	
2.2	总价措施项目费	260.42	
2.2.1	安全文明施工费	151.21	
3	其他项目		
3.1	其中:暂列金额		
3.2	其中:专业工程暂估价		
3.3	其中:计日工		
3.4	其中:总承包服务费		
4	规费	252.9	
5	税金	980.53	
6	工程总价=[1]+[2]+[3]+[4]-(甲供材料费+甲供设备费)/1.01+[5]	9894.47	1981.51

表 2-6 分部分项工程量清单

序号	项目编码	项目名称	计量单位	工程数量	金额/元		
					综合单价	合价	其中:暂估价
	一	电气工程案例				8307.48	1981.51
1	030404017001	配电箱【配电箱 PZ30;500mm×500mm×180mm;墙上暗装;无端子接线】	台	1	931.08	931.08	650
2	030411001001	配管【镀锌钢管;SC100;砖、混凝土结构暗配】	m	4.25	108.31	460.32	
3	030411001002	配管【镀锌钢管;SC20;砖、混凝土结构暗配】	m	89.6	18.39	1647.74	

续表

序号	项目编码	项目名称	计量单位	工程数量	金额		
					综合单价	合价	其中：暂估价
4	030411001003	配管【紧定式镀锌电线管；JDG16×1.3；暗配】	m	45.7	9.13	417.24	
5	030411001004	配管【紧定式镀锌电线管；JDG20×1.6；暗配】	m	12.5	10.13	126.63	
6	030411001005	配管【紧定式镀锌电线管；JDG25×1.6；暗配】	m	3.6	15.98	57.53	
7	030411004001	配线【管内穿照明线；BV-2.5】	m	164.9	2.92	481.51	
8	030411004002	配线【管内穿照明线；BV-4】	m	283.8	3.45	979.11	
9	030404034001	照明开关【单联单控开关；A86K11-10】	个	2	12.48	24.96	11.83
10	030404034002	照明开关【双联单控开关；A86K21-10】	个	2	16.94	33.88	19.93
11	030404035001	插座【单相三眼插座；A86Z13A15】	个	4	19.09	76.36	39.98
12	030404035002	插座【单相五眼插座；A86Z223A10】	个	7	18.8	131.6	67.97
13	030412001001	普通灯具【吸顶灯；1×40W】	套	2	88.27	176.54	131.3
14	030412005001	【双管荧光灯；YG2-2；2×40W；吸顶式】	套	14	103.65	1451.1	1060.5
15	030411006001	接线盒【金属接线盒；暗装】	个	16	6.2	99.2	
16	030411006002	接线盒【金属开关盒；暗装】	个	15	6.12	91.8	
17	030409002001	接地母线【热镀锌扁铁；25×4；户内】	m	16.26	20.87	339.35	
18	030409001001	接地极【钢管接地极；*DN*40；*L*=2.5m】	根	3	160.81	482.43	
19	030414011001	接地装置【独立接地装置调试 6 根接地极以内】	系统	1	299.1	299.1	
合计						8307.48	

表 2-7 单价措施项目清单

序号	项目编码	项目名称	计量单位	工程数量	金额/元		
					综合单价	合价	其中：暂估价
1	031301017001	脚手架搭拆	项	1	93.14	93.14	
合计						93.14	

表 2-8 单价措施项目清单综合单价分析表

序号	项目编码	项目名称	计量单位	工程数量	综合单价/元							项目合价/元
					人工费	材料费	机械费	主材费	管理费	利润	小计	
1	031301017001	脚手架搭拆	项	1	20.53	61.53			8.21	2.87	93.14	93.14
2	@	第 4 册脚手架搭拆费	元	1	20.53	61.53			8.21	2.87	93.14	93.14
合计												93.14

表 2-9 总价措施项目清单与计价表

序号	项目编码	项目名称	计算基础	费率/%	金额/元	备注
1	031302001001	安全文明施工		100	151.21	
	1	基本费	分部分项工程费＋单价措施项目费－工程设备费	1.5	126.01	
	2	省级标化增加费	分部分项工程费＋单价措施项目费－工程设备费	0.3	25.2	
2	031302002001	夜间施工	分部分项工程费＋单价措施项目费－工程设备费	0		
3	031302003001	非夜间施工	分部分项工程费＋单价措施项目费－工程设备费	0		
4	031302005001	冬雨季施工	分部分项工程费＋单价措施项目费－工程设备费	0		
5	031302006001	已完工程及设备保护	分部分项工程费＋单价措施项目费－工程设备费	0		
6	031302008001	临时设施	分部分项工程费＋单价措施项目费－工程设备费	1.3	109.21	
7	031302009001	赶工措施	分部分项工程费＋单价措施项目费－工程设备费	0		
8	031302010001	工程按质论价	分部分项工程费＋单价措施项目费－工程设备费	0		
9	031302011001	住宅分户验收	分部分项工程费＋单价措施项目费－工程设备费	0		
合计					260.42	

表 2-10 规费、税金项目计价表

序号	项目名称	计算基础	计算基数	计算费率/%	金额/元
1	规费	[1.1]＋[1.2]＋[1.3]	252.90	100	252.9
1.1	社会保险费	分部分项工程费＋措施项目费＋其他项目费－工程设备费	8661.04	2.4	207.86
1.2	住房公积金	分部分项工程费＋措施项目费＋其他项目费－工程设备费	8661.04	0.42	36.38
1.3	工程排污费	分部分项工程费＋措施项目费＋其他项目费－工程设备费	8661.04	0.1	8.66
2	税金	分部分项工程费＋措施项目费＋其他项目费＋规费－(甲供材料费＋甲供设备费)/1.01	8913.94	11	980.53
合计					1233.43

表 2-11 材料暂估单价材料表

序号	材料编码	材料(工程设备)名称	规格型号	计量单位	数量	暂估单价/元	合价/元
1	22470111@6	吸顶灯;1×32W		套	2.02	65	131.3
2	22470111@7	双管荧光灯;YG2-2;2×40W		套	14.14	75	1060.5
3	23230131@2	单联单控开关;A86K11-10		只	2.04	5.8	11.83
4	23230131@3	双联单控开关;A86K21-10		只	2.04	9.77	19.93
5	23412504@4	单相三眼插座;A86Z13A15		套	4.08	9.8	39.98
6	23412504@5	单相五眼插座;A86Z223A10		套	7.14	9.52	67.97
7	31193352@1	配电箱 PZ30;500mm×500mm×180mm		台	1	650	650
合计							1981.51

表 2-12 主要材料价格表

序号	材料编码	材料名称	规格型号	单位	单价/元	数量	合价/元	备注
1	14010305.2	焊接钢管	20mm	m	8.94	92.288	825.05	
2	14010305.9	焊接钢管	100mm	m	58.53	4.429	259.23	
3	22470111@6	吸顶灯;1×32W		套	65	2.02	131.3	
4	22470111@7	双管荧光灯;YG2-2;2×40W		套	75	14.14	1060.5	
5	23230131@2	单联单控开关;A86K11-10		只	5.8	2.04	11.83	
6	23230131@3	双联单控开关;A86K21-10		只	9.77	2.04	19.93	
7	23412504@4	单相三眼插座;A86Z13A15		套	9.8	4.08	39.98	
8	23412504@5	单相五眼插座;A86Z223A10		套	9.52	7.14	67.97	
9	25430311	BV-2.5		m	1.55	191.284	296.49	
10	25430311	BV-4		m	2.38	312.18	742.99	
11	26060351.1	紧定式镀锌电线管	15mm	m	4.44	47.071	209	
12	26060351.2	紧定式镀锌电线管	20mm	m	5.08	12.875	65.41	
13	26060351.3	紧定式镀锌电线管	25mm	m	8.48	3.708	31.44	
14	26110101	接线盒		只	1.25	31.62	39.53	
15	31193352@1	配电箱 PZ30;500mm×500mm×180mm		台	650	1	650	
16	31193602	钢管接地极;$DN40$;$L=2.5$m		根	54.6	3	163.8	
17	31193610	户内接地母线－25×4 镀锌扁钢		m	3.85	17.073	65.73	
合计							4680.18	

表 2-13 分部分项工程量清单综合单价分析表

序号	项目编码	项目名称	计量单位	工程数量	综合单价/元							项目合价/元
					人工费	材料费	机械费	主材费	管理费	利润	小计	
1	1	电气工程案例										8307.48
2	030404017001	配电箱【配电箱 PZ30；500mm×500mm×180mm；墙上暗装；无端子接线】	台	1	144.24	58.96		650	57.69	20.19	931.08	931.08
3	C4-268	配电箱 PZ30；500mm×500mm×180mm	台	1	113.16	34.41		650	45.26	15.84	858.67	858.67
4	C4-412	无端子外部接线 2.5mm²	10 个	0.2	13.94	14.44			5.58	1.95	35.91	7.18
5	C4-413	无端子外部接线 6mm²	10 个	1.5	18.86	14.44			7.54	2.64	43.48	65.22
6	030411001001	配管【镀锌钢管；SC100；砖、混凝土结构暗配】	m	4.25	27.24	4.89	0.47	61	10.9	3.81	108.31	460.32
7	C4-1148	砖、混结构暗配钢管 *DN*100	100m	0.01	2692.06	482.98	46.65	6028.59	1076.82	376.89	10703.99	108.3
8	030411001002	配管【镀锌钢管；SC20；砖、混凝土结构暗配】	m	89.6	5.31	0.85	0.15	9.21	2.13	0.74	18.39	1647.74
9	C4-1141	砖、混结构暗配钢管 *DN*20	100m	0.01	531.36	85.16	15.1	920.82	212.54	74.39	1839.37	18.39
10	030411001003	配管【紧定式镀锌电线管；JDG16×1.3；暗配】	m	45.7	2.42	0.83		4.57	0.97	0.34	9.13	417.24
11	C4-1079	砖、混结构暗配紧定式镀锌电线管 JDG16	100m	0.01	241.9	82.9		457.32	96.76	33.87	912.75	9.13
12	030411001004	配管【紧定式镀锌电线管；JDG20×1.6；暗配】	m	12.5	2.59	0.91		5.23	1.04	0.36	10.13	126.63
13	C4-1080	砖、混结构暗配紧定式镀锌电线管 JDG20	100m	0.01	259.12	91.39		523.24	103.65	36.28	1013.68	10.14
14	030411001005	配管【紧定式镀锌电线管；JDG25×1.6；暗配】	m	3.6	3.78	1.43		8.73	1.51	0.53	15.98	57.53
15	C4-1081	砖、混结构暗配紧定式镀锌电线管 JDG25	100m	0.01	378.02	142.81		873.44	151.21	52.92	1598.4	15.98
16	030411004001	配线【管内穿照明线；BV-2.5】	m	164.9	0.63	0.15		1.8	0.25	0.09	2.92	481.51
17	C4-1359	管内穿照明线；BV-2.5	100m 单线	0.01	63.14	15.33		179.8	25.26	8.84	292.37	2.92
18	030411004002	配线【管内穿照明线；BV-4】	m	283.8	0.44	0.15		2.62	0.18	0.06	3.45	979.11
19	C4-1360	管内穿照明线；BV-4	100m 单线	0.01	44.28	15.4		261.8	17.71	6.2	345.39	3.45
20	030404034001	照明开关【单联单控开关；A86K11-10】	个	2	4.05	0.32		5.92	1.62	0.57	12.48	24.96
21	C4-339	扳式暗开关(单控)单联	10 套	0.1	40.51	3.18		59.16	16.2	5.67	124.72	12.47
22	030404034002	照明开关【双联单控开关；A86K21-10】	个	2	4.24	0.44		9.97	1.7	0.59	16.94	33.88

续表

序号	项目编码	项目名称	计量单位	工程数量	综合单价/元							项目合价/元
					人工费	材料费	机械费	主材费	管理费	利润	小计	
23	C4-340	扳式暗开关(单控)双联	10 套	0.1	42.38	4.37		99.65	16.95	5.93	169.28	16.93
24	030404035001	插座【单相三眼插座;A86Z13A15】	个	4	5.24	1.03		10	2.09	0.73	19.09	76.36
25	C4-373	单相三眼插座;A86Z13A15	10 套	0.1	52.35	10.32		99.96	20.94	7.33	190.9	19.09
26	030404035002	插座【单相五眼插座;A86Z223A10】	个	7	5.24	1.03		9.71	2.09	0.73	18.8	131.6
27	C4-373	单相五眼插座;A86Z223A10	10 套	0.1	52.35	10.32		97.1	20.94	7.33	188.04	18.8
28	030412001001	普通灯具【吸顶灯;1×40W】	套	2	13.53	1.79		65.65	5.41	1.89	88.27	176.54
29	C4-1557	吸顶灯;1×40W	10 套	0.1	135.3	17.9		656.5	54.12	18.94	882.76	88.28
30	030412005001	荧光灯【双管荧光灯;YG2-2;2×40W;吸顶式】	套	14	17.14	1.5		75.75	6.86	2.4	103.65	1451.1
31	C4-1798	双管荧光灯;YG2-2;2×40W	10 套	0.1	171.38	15.04		757.5	68.55	23.99	1036.46	103.65
32	030411006001	接线盒【金属接线盒;暗装】	个	16	3.03	0.25		1.28	1.21	0.43	6.2	99.2
33	C4-1546	暗装开关盒	10 个	0.1	30.34	2.52		12.75	12.14	4.25	62	6.2
34	030411006002	接线盒【金属开关盒;暗装】	个	15	2.79	0.54		1.28	1.12	0.39	6.12	91.8
35	C4-1545	暗装接线盒	10 个	0.1	27.88	5.44		12.75	11.15	3.9	61.12	6.11
36	030409002001	接地母线【热镀锌扁铁;25×4;户内】	m	16.26	9.51	1.7	0.48	4.04	3.81	1.33	20.87	339.35
37	C4-905	户内接地母线敷设;－25×4 镀锌扁钢	10m	0.1	95.12	17.01	4.79	40.43	38.05	13.32	208.72	20.87
38	030409001001	接地极【钢管接地极;$DN40$;$L=2.5$m】	根	3	59.86	2.37	11.66	54.6	23.94	8.38	160.81	482.43
39	C4-897	钢管接地极;$DN40$;$L=2.5$m;普通土	根	1	59.86	2.37	11.66	54.6	23.94	8.38	160.81	160.81
40	030414011001	接地装置【独立接地装置调试 6 根接地极以内】	系统	1	163.2	1.6	46.17		65.28	22.85	299.1	299.1
41	C4-1857	独立接地装置调试 6 根接地极以内	组	1	163.2	1.6	46.17		65.28	22.85	299.1	299.1
		合　计										8307.48

案例三

××商铺——安装工程预算编制

模块一　实训任务说明

一、工程概况

本案例工程为商铺，共四间、两层，层高3.6m，每间布置形式基本相同（两间相同，另两间呈镜像布置），每间商铺底层设卫生间，安装各分系统包括给水系统、排水系统、雨水系统、冷凝水系统、消火栓系统、强电系统、弱电系统和防雷接地系统。

二、编制说明

1. 各类费用计取说明

（1）工程类别：本工程按三类工程取费，管理费率40%；利润14%。

（2）措施项目费的计取：安全文明施工费基本费1.5%；省级标化增加费0.3%；临时设施费1.3%，其他措施费用不计取。

（3）规费的计取：工程排污费0.1%；社会保障费2.4%；住房公积金0.42%。

（4）税金按增值税11%计取。

（5）人工费按江苏省常州市2017年2月的人工单价：一、二、三类工分别为85元/工日、82元/工日、77元/工日执行（预算书中涉及的土建人工单价：一、二、三类工分别为93元/工日、90元/工日、84元/工日）。

（6）主材价格采用除税指导价，见主要材料价格表；辅材价格不调整。

（7）机械台班单价按江苏省2014机械台班定额执行（台班费中人工调整为90元/工日，汽油8.5元/升，柴油7.5元/升，其他材料价格不调整）。

2. 给排水部分说明

（1）所有卫生洁具安装到位；

（2）给水、排水及消防管道与室外连接部分，暂算至外墙皮1.5m；

（3）给水室内冷水管采用PPR管1.25MPa，排水管为普通UPVC排水管。

3. 电气部分说明

（1）总配电箱AL1只计进户管道预埋，进线电缆（电线）不计；电箱的所有出线皆需计算；

（2）强电灯具全部安装到位（即图示灯具全部到位）；

（3）总配电箱AL1的尺寸为800mm×800mm×180mm，户内配电箱1AL1～4的尺寸为600mm×800mm×180mm；配电箱的出线皆按从箱体下部出线。

4. 其他

配电箱、灯具、卫生洁具等为暂定价，详见暂定价表；所有土方、室外检查井暂不考虑。

三、实训时提供的资料

(1) 施工图纸（标注尺寸的图纸，没有标注尺寸的图纸电子稿可以在教学资源网www.cipedu.com.cn输入本教材自行下载）；

(2) 主要材料价格表；

(3) 暂估价材料表。

四、实训要求

按规定完成工程量计算和工程预算书的编制，提交的实训成果包括：

1. 工程量计算书（手写稿）

2. 工程预算书（其中应包括以下内容）

(1) 预算书封面；

(2) 单位工程费用汇总表；

(3) 分部分项工程量清单；

(4) 单价措施项目清单；

(5) 单价措施项目清单综合单价分析表；

(6) 总价措施项目清单与计价表；

(7) 规费、税金项目计价表；

(8) 材料暂估单价材料表；

(9) 主要材料价格表；

(10) 分部分项工程量清单综合单价分析表。

五、实训原始资料

1. 图纸（见案例三图纸）

2. 主要材料价格表（表3-1）

表3-1 主要材料价格表

序号	材料名称	规格型号	单位	单价/元	备注
1	PPR 20/25 管件		只	2.75	
2	PPR 15/20 管件		只	1.38	
3	型钢		kg	3.70	
4	醇酸防锈漆 C53-1		kg	13.50	
5	酚醛防锈漆		kg	13.50	
6	环氧煤沥青面漆		kg	20.00	
7	调和漆		kg	12.00	
8	镀锌钢管	20mm	m	8.14	
9	镀锌钢管	25mm	m	11.90	
10	镀锌钢管	50mm	m	24.08	
11	热镀锌钢管 *DN*65		m	32.70	

续表

序号	材料名称	规格型号	单位	单价/元	备注
12	热镀锌钢管 *DN*100		m	53.30	
13	金属软管		个	15.00	
14	承插塑料排水管 d_n50		m	7.53	
15	承插塑料排水管 d_n110		m	23.32	
16	PPR冷水管;d_e25;1.25MPa	20/25	m	8.88	
17	PPR冷水管;d_e20;1.25MPa	15/20	m	6.25	
18	承插塑料排水管件 d_n50		个	5.27	
19	承插塑料排水管件 d_n110		个	16.32	
20	微量排气阀;*DN*25;ARSX-PN16		个	337.88	
21	闸阀;*DN*100;Z41H-16		个	1296.04	
22	蜗轮蝶阀;*DN*100;D371X-16		个	537.80	
23	PPR截止阀 *DN*20		个	56.52	
24	截止阀 *DN*25		个	73.51	
25	角阀		个	18.00	
26	洗面盆		套	380.00	
27	连体坐便器		套	650.00	
28	立式水嘴 *DN*15		个	120.00	
29	地漏 *DN*50		个	6.50	
30	洗脸盆下水口(铜)		个	35.00	
31	坐便器桶盖		个	25.00	
32	连体排水口配件		套	10.00	
33	连体进水阀配件		套	12.00	
34	灭火器;MF/ABC3	放置式	个	72.42	
35	成套消火栓箱 1000mm×700mm×180mm;单栓;带软管卷盘		套	929.76	
36	水表;*DN*20		只	82.62	
37	防水吸顶灯;18W		套	65.00	
38	节能吸顶灯;18W		套	55.00	
39	双管荧光灯 T5;2×28W		套	120.00	
40	单联单控开关;A86K11-10		只	5.80	
41	双联单控开关;A86K21-10		只	9.77	
42	单联双控开关;A86K12-10		只	7.43	
43	不锈钢白面板		个	30.00	
44	接线盒面板		个	1.50	
45	单相五眼插座;A86Z223A10		套	9.52	
46	单相五眼插座防溅型带开关;A86Z223FAK11-10		套	19.58	
47	单相三眼插座防溅型带开关;A86Z13FAK11-10		套	15.69	
48	A86Z13AK16;壁挂空调插		套	10.69	

续表

序号	材料名称	规格型号	单位	单价/元	备注
49	BV-2.5		m	1.87	
50	BV-6		m	4.14	
51	刚性阻燃管	15mm	m	1.66	
52	刚性阻燃管	20mm	m	2.38	
53	刚性阻燃管	25mm	m	3.47	
54	分等电位箱 LEB		个	35.00	
55	总等电位箱 MEB		个	60.00	
56	接线盒		只	1.38	
57	测试盒		只	3.50	
58	总弱电箱 DT		个	300.00	
59	弱电综合箱 DMT		个	220.00	
60	配电箱 AL1		台	1500.00	
61	配电箱 1AL1～4		台	1100.00	
62	－25×4 热镀锌扁钢		m	3.88	
63	－40×4 热镀锌扁钢		m	6.27	
64	－25×4 热镀锌扁钢		m	3.88	
65	卫生间通风器		台	180.00	

3. 暂估价材料表（表 3-2）

表 3-2 暂估价材料表

序号	材料(工程设备)名称	规格型号	单位	暂估单价/元
1	金属软管		个	15.00
2	角阀		个	18.00
3	洗面盆		套	380.00
4	连体坐便器		套	650.00
5	立式水嘴 *DN*15		个	120.00
6	洗脸盆下水口(铜)		个	35.00
7	坐便器桶盖		个	25.00
8	连体排水口配件		套	10.00
9	连体进水阀配件		套	12.00
10	灭火器;MF/ABC3	放置式	个	72.42
11	成套消火栓箱 1000mm×700mm×180mm;单栓;带软管卷盘		套	929.76
12	防水吸顶灯;18W		套	65.00
13	节能吸顶灯;18W		套	55.00
14	双管荧光灯 T5;2×28W		套	120.00
15	单联单控开关;A86K11-10		只	5.80
16	双联单控开关;A86K21-10		只	9.77

续表

序号	材料(工程设备)名称	规格型号	单位	暂估单价/元
17	单联双控开关;A86K12-10		只	7.43
18	不锈钢白面板		个	30.00
19	接线盒面板		个	1.50
20	单相五眼插座;A86Z223A10		套	9.52
21	单相五眼插座防溅型带开关;A86Z223FAK11-10		套	19.58
22	单相三眼插座防溅型带开关;A86Z13FAK11-10		套	15.69
23	A86Z13AK16;壁挂空调插		套	10.69
24	分等电位箱 LEB		个	35.00
25	总等电位箱 MEB		个	60.00
26	总弱电箱 DT		个	300.00
27	弱电综合箱 DMT		个	220.00
28	配电箱 AL1		台	1500.00
29	配电箱 1AL1～4		台	1100.00
30	卫生间通风器		台	180.00

案例三 图纸

××商铺安装工程施工图纸

图纸目录

序号	图纸名称	图号	张数	备注
	给排水施工图			
1	设计施工说明及图例 主要设备材料表	水施-01/05	1	
2	一层给排水平面图	水施-02/05	1	
3	二层给排水平面图	水施-03/05	1	
4	屋顶层给排水平面图	水施-04/05	1	
5	排水管道系统图 给水管道系统图 雨水管道系统图 冷凝水管道系统图 消防管道系统图	水施-05/05	1	
	电气施工图			
1	设计说明 主要设备材料表	电施-01/10	1	
2	电气系统图	电施-02/10	1	
3	一层照明平面图	电施-03/10	1	
4	二层照明平面图	电施-04/10	1	
5	一层插座平面图	电施-05/10	1	
6	二层插座平面图	电施-06/10	1	
7	一层弱电平面图	电施-07/10	1	
8	二层弱电平面图	电施-08/10	1	
9	接地平面图	电施-09/10	1	
10	屋顶层防雷平面图	电施-10/10	1	

设计施工说明

一、项目概况

本工程为XX商铺工程。本工程建筑面积：576m²。本工程建筑物耐火等级为一级。

二、设计范围

室内给排水管道设计；室内消火栓管道设计；雨水系统设计；灭火器配置。

三、设计依据

1.甲方提供设计要求；

2.建筑和有关工种提供的作业图和有关资料；

3.国家有关设计规范及标准

《建筑设计防火规范》GB 50016—2014，《消防给水及消火栓系统技术规范》GB 50974—2014

《自动喷水灭火系统设计规范》GB 50084—2001，《建筑灭火器配置设计规范》GB 50140—2005

《建筑给水排水设计规范》GB 50015—2003(2009年版)，《建筑给水排水及采暖工程施工质量验收规范》GB 50242—2002

《住宅设计规范》GB 50096—2011，《江苏省住宅设计标准》DGJ 32/J26—2006

四、系统简述：给水系统、排水系统、消火栓系统、雨水系统

(一)给水

1.生活给水系统

给水立管及给水横支管采用PP-R给水塑料管及其配件，热熔连接，公称压力等级为1.25MPa，安装见02 SS405-2及DB 32/T474—2001技术规程。

2.生活给水管阀门：给水管管径*DN*<50时采用J41H-16T截止阀；给水管管径*DN*≥50时用RRHX-16闸阀。

(二)消防

1.用水量：室内消火栓10L/s；室外消火栓15L/s；火灾延续时间2h。自动喷水灭火系统25L/S，火灾延续时间1h。

2.消火栓给水管道采用内外壁热镀锌钢管，管道*DN*≤100丝扣连接。

3.本工程采用700×180×1800组合式消火栓箱。箱内设*DN*65消火栓一只，25m长φ65衬胶水龙带一条，QZ19直流水枪一支，25m长消防卷盘一套。所有消防箱内均设置一只消防报警按钮。

本工程消火栓均采用减压稳压型消火栓，栓口安装高度为1.1m。室内消火栓应设置永久性固定标识。

4.消防给水管阀门：管径*DN*≤100采用对夹式碟阀或闸阀、*DN*>100采用蜗杆式碟阀或闸阀。闸阀采用RRHX-16型，蝶阀采用FBGX-16型手动法兰式蝶阀；阀门为常开状态，应有明显的启闭标志。

(三)排水

1.室外污废水合流排至市政污水管。

2.生活排水管采用PVC-U塑料管，承插粘接。

(四)雨水

1.雨水系统：本工程雨水系统均采用重力流排水系统。

2.室外雨水管直接排至市政雨水管。

3.重力流雨水管采用承压型UPVC管，粘接连接。

五、*DN*与*De*管径对照表

DN	15	20	25	32	40	50	70	80	100	150
De	20	25	32	40	50	63	75	90	110	160

六、卫生洁具

1.卫生洁具采用节水型卫生洁具及配件，坐便器冲洗水箱容积小于等于6L；卫生间地漏采用密闭式地漏。

2.本工程洁具由业主自选，故各卫生洁具的预留洞应与定货产品核对，必须在土建施工前及时调整，以免返工。

3.构造内无存水弯的卫生器具及地漏排水口处均设置水封深度不小于50mm的存水弯。卫生洁具如自带存水弯，则排水系统图中相应存水弯取消。

4.卫生洁具的安装详见国标09 S304。禁止使用螺旋升降式铸铁水嘴，应采用陶瓷片密封水嘴。

七、管道敷设

1.给水管采用明装方式，排水管尽可能贴顶靠墙。所有管道安装时除图中注明管位和标高外，均应靠墙贴梁安装，以免影响其他工种管道的敷设及室内装修处理。所有管道穿楼板处应避开结构梁、柱，确保安全。

2.各种管道在同一标高相碰时，一般按如下原则处理：a. 压力管让重力管；b. 同一类管时，小管让大管。

3.给水、消防立管穿楼板时应设套管。安装在楼板内的套管，其顶部应高出装饰地面20mm；安装在卫生间及厨房内的套管，其顶部高出装饰地面50mm，底部应与楼板底面相平；套管与管道之间缝隙应用阻燃密实材料和防水油膏填实，端面光滑。

4.排水管穿楼板应预留孔洞，管道安装完后将孔洞严密捣实，立管周围应设高出楼板面设计标高10~20mm的阻水圈。管径大于或等于*DN*100塑料管穿楼面处应设置阻火圈。

5.室内排水管的坡度除图中注明者外，均采用坡度i=0.026。

6.管道安装应与土建施工密切配合，做好预留和预埋。管道穿水池、屋面、普通地下室外壁须预埋防水套管，管道穿楼板、梁、剪力墙须预埋钢套管。管道穿人防地下室顶板、壁板应预刚性防水套管。安装施工单位务必在土建浇灌混凝土前，与土建施工单位密切合作，复核预留洞的定位及大小尺寸。施工参见02S404。

套管选用原则见下表

给排水管	<*DN*50	*DN*50	*DN*65	*DN*80	*DN*100	*DN*125	*DN*150	*DN*200
套管	*D*114	*D*114	*D*121	*D*140	*D*159	*DN*180	*D*219	*D*273

7. 管道支架

（1）管道支架或管卡应固定在楼板上或承重结构上。

（2）按施工验收规范执行，管道支、吊架（喷淋管除外）做法参见03 S402，由安装根据管道布置、受力情况等选用，并应与其他专业统一考虑支架。管道穿伸缩缝两端设金属软接头。热水、回水横干管在每两个固定支架间做不锈钢波纹管补偿器。

8. 管道穿越建筑物内的伸缩缝或沉降缝时应采用柔性接头。

9. 排水立管检查口距地面或楼板面1.00m。

10. 排水管道连接

（1）排水管道的横管与横管、横管与立管的连接，应采用45°三通、45°四通、90°斜三通、90°斜四通连接，不得采用正三通和正四通。

（2）污水立管偏置时，应采用乙字管或2个45°弯头。

（3）污水立管与横管及排出管连接时采用2个45°弯头，且立管底部弯管处应设支墩或其他固定设施。

八、防腐及油漆

1. 金属管道在涂刷底漆前应清除表面的灰尘、污垢、锈斑、焊渣等杂、污物。涂刷油漆厚度应均匀，不得有脱皮、起泡、流淌和漏涂现象。

2. 消防管刷樟丹二道，红色调和漆二道。

3. 管道支架除锈后刷樟丹二道，灰色调和漆二道。

4. 埋地金属管采用三油两布加强防腐层做法。

九、试压要求

1. 管道试压按《建筑给排水及采暖工程施工质量验收规范》(GB 50242—2002)执行。

2. 室内给水管试验压力应为给水管工作压力的1.5倍，且不得小于1.0MPa；室内消防管工作压力≤1.0MPa时，消防管试验压力应为系统工作压力的1.5倍，并不低于1.4MPa；当消防管工作压力>1.0MPa时，消防管试验压力为工作压力加0.4MPa。本工程室内消火栓系统及喷淋系统采用1.4MPa压力试压。

3. 隐蔽或埋地排水管道在隐蔽前必须做灌水试验，其灌水高度应不低于底层卫生器具的上边缘或底层地面高度。满水15min水面下降后，再满水5min液面不降，管道及接口无渗漏为合格。

4. 排水立管及水平干管管道均应做通球试验，通球球径不小于排水管道管径的2/3，通球率必须达到100%。

十、保温

1. 室外明露及吊顶内冷、热给水管道、雨水悬吊管及屋顶生活水箱须保温，保温参照03S401的做法。

2. 保温材料：采用橡塑泡棉，保温厚度采用下表

管径	DN15~DN20	DN25~DN40	DN50~DN125	>DN125	冷、热水箱
厚度	25mm	28mm	32mm	36mm	80mm

3. 镀锌钢管和设备在保温之前，应先进行防腐处理。室外管道在做保温后外包玻璃钢防雨。做法详见03S401。

十一、其他

1. 图中所注尺寸除管长、标高以m计外，其余以mm计。本工程室内外高差0.150m。

2. 本图所注管道标高：给水、消防、等压力管指管中心；污水、雨水管等重力流管道和无水流的通气管指管内底。

3. 本工程给排水设备，材料均应符合国家相关给排水设备、材料制造标准。

4. 说明中未述及部分按国家有关规程规范执行。

图　例

给水管道	——J——
消防管道	——X——
排水管道	——W——
雨水管道	——Y——
冷凝水管道	——N——
灭火器	
给水龙头	
截止阀	
消火栓	（单栓）
闸阀	
蝶阀	
检查孔	
阀门井	
地漏	
雨水口	
水表	

设计选用标准图集

序号	选用图集名称	图集代号	
1	阀门井安装图集	苏S01-2014	
2	地漏安装图集	92S220-9/22	
3	室内消火栓安装图	04S202	
4	自动喷水与水喷雾灭火设施安装	04S206	
5	末端试水装置安装图(一)	04S206	第76页
6	UPVC排水横管伸缩节及管卡装设位置图	96S406	第18页
7	管道和设备保温标准图集	03S401	
8	刚性防水套管安装图	02S404	第18页
9	常用小型仪表及特种阀门选用图集	01SS105	
10	卫生设备安装图	09S304	
11	雨水斗安装图	01S302	

主要设备材料表

编号	名称	型号	单位	数量
1	灭火器	MF/ABC3	具	16
2	室内消火箱（单栓）	1000×700×180	套	8

地块位置图

说　明：
本图中所有尺寸以标注为准，不得在图纸上直接量取。图中更改任何部分，均须经设计师书面同意。
本图未加盖出图专用章无效。本图未经当地施工图审图部门审核不得用于施工。

注册师用章
Certified Engineer

出图专用章
Issue

建设单位

工程名称
XX商铺

图名
设计施工说明及图例
主要设备材料表

工程编号　LH2014-140-04

图号　水施-01/05

合作设计单位

设计师

批准人

施工图设计单位

项目负责人

专业负责人

设计人

绘图人

校对人

审核人

审定人

阶段：施工图

专业：给排水

比例：见图

日期：2015-05-05

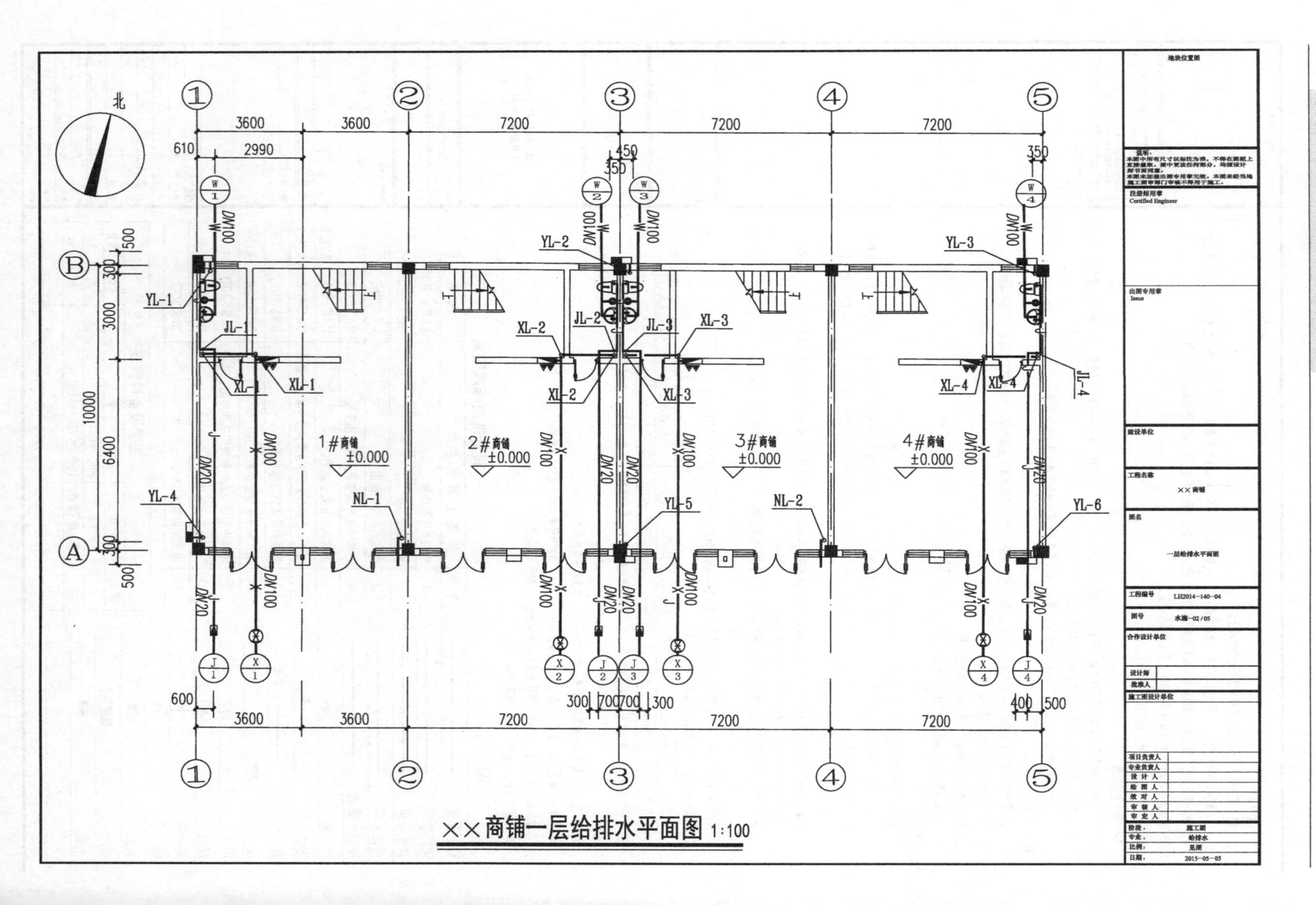
××商铺一层给排水平面图 1:100
1#商铺 ±0.000
2#商铺 ±0.000
3#商铺 ±0.000
4#商铺 ±0.000
北
YL-1
YL-2
YL-3
YL-4
YL-5
YL-6
JL-1
JL-2
JL-3
JL-4
XL-1
XL-2
XL-3
XL-4
NL-1
NL-2
DN100
DN20
3600
7200
2990
610
450
350
10000
6400
3000
600
300 700 700 300
400 500
工程名称 ××商铺
图名 一层给排水平面图
工程编号 LH2014-140-04
图号 水施-02/05
阶段 施工图
专业 给排水
比例 见图
日期 2015-05-05

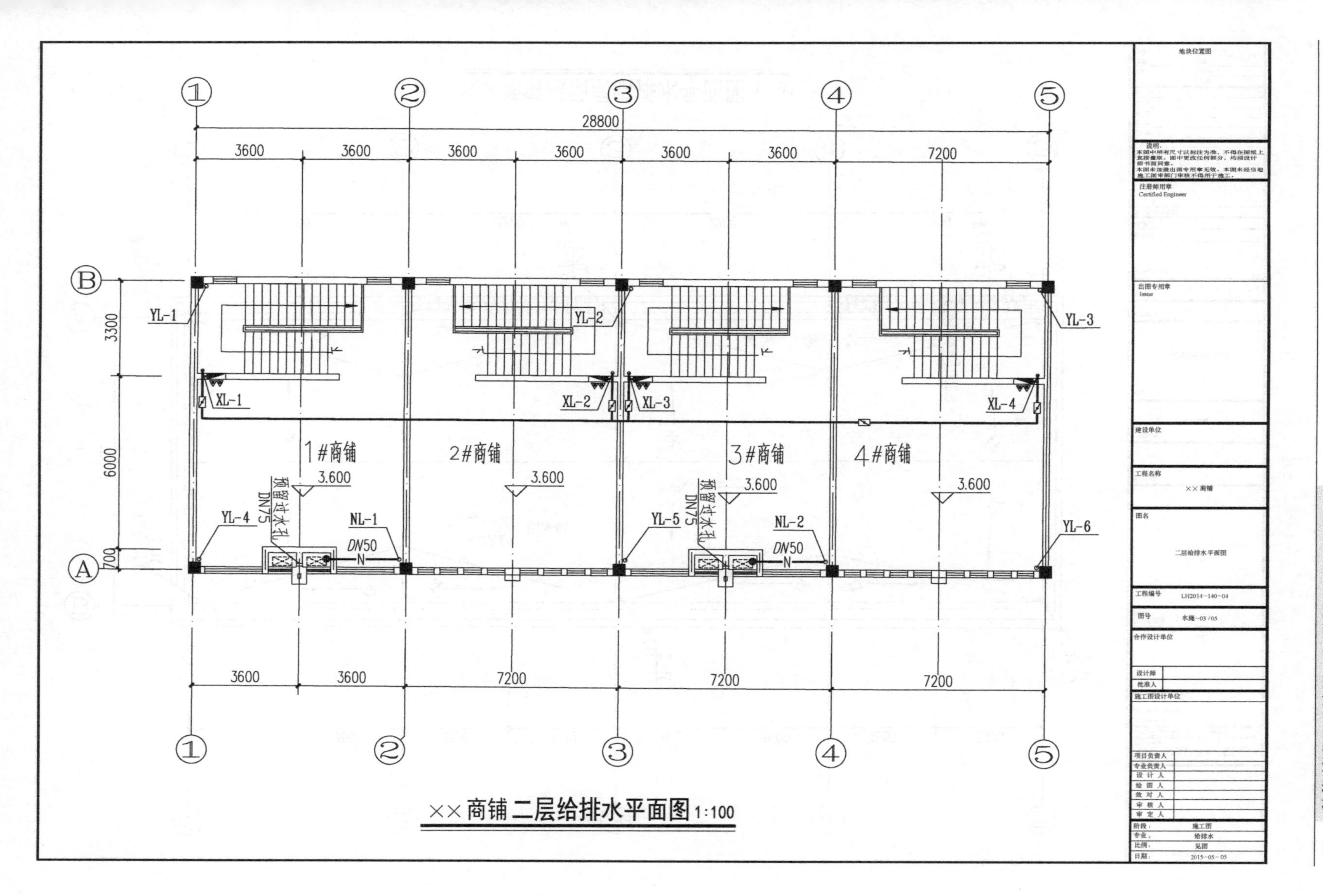
××商铺二层给排水平面图 1:100
1#商铺
2#商铺
3#商铺
4#商铺
3.600
YL-1
YL-2
YL-3
YL-4
YL-5
YL-6
XL-1
XL-2
XL-3
XL-4
NL-1
NL-2
DN50
预留过水孔
DN75
28800
7200
3600
3300
6000
700

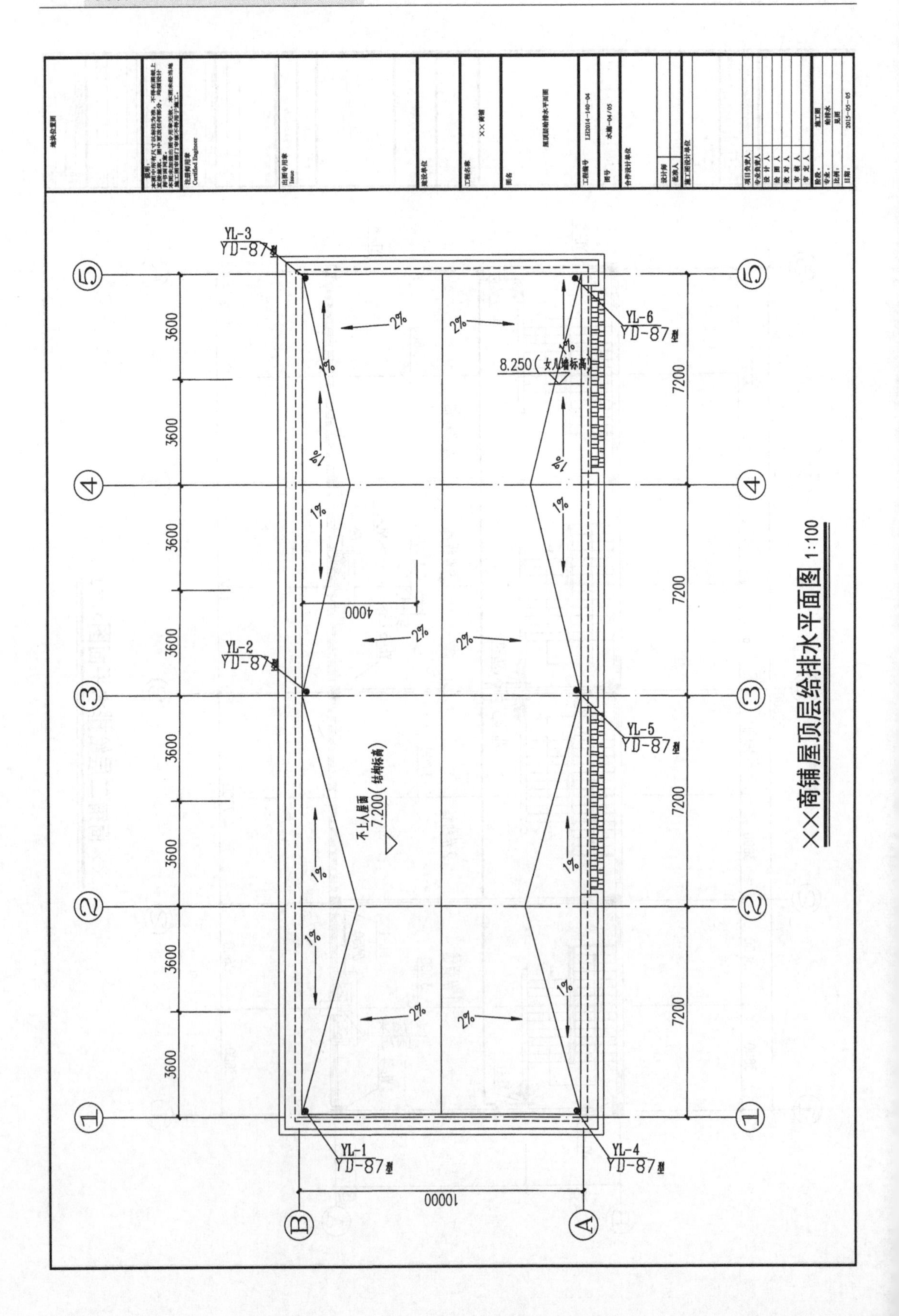
××商铺屋顶层给排水平面图 1:100
YL-1
YD-87
YL-2
YD-87
YL-3
YD-87
YL-4
YD-87
YL-5
YD-87
YL-6
YD-87
8.250（女儿墙标高）
不上人屋面
7.200（结构标高）
2%
1%
3600
7200
4000
10000
1
2
3
4
5
A
B
工程名称 ××商铺
图名 屋顶层给排水平面图
工程编号 LH2014-140-04
图号 水施-04/05
日期 2015-05-05

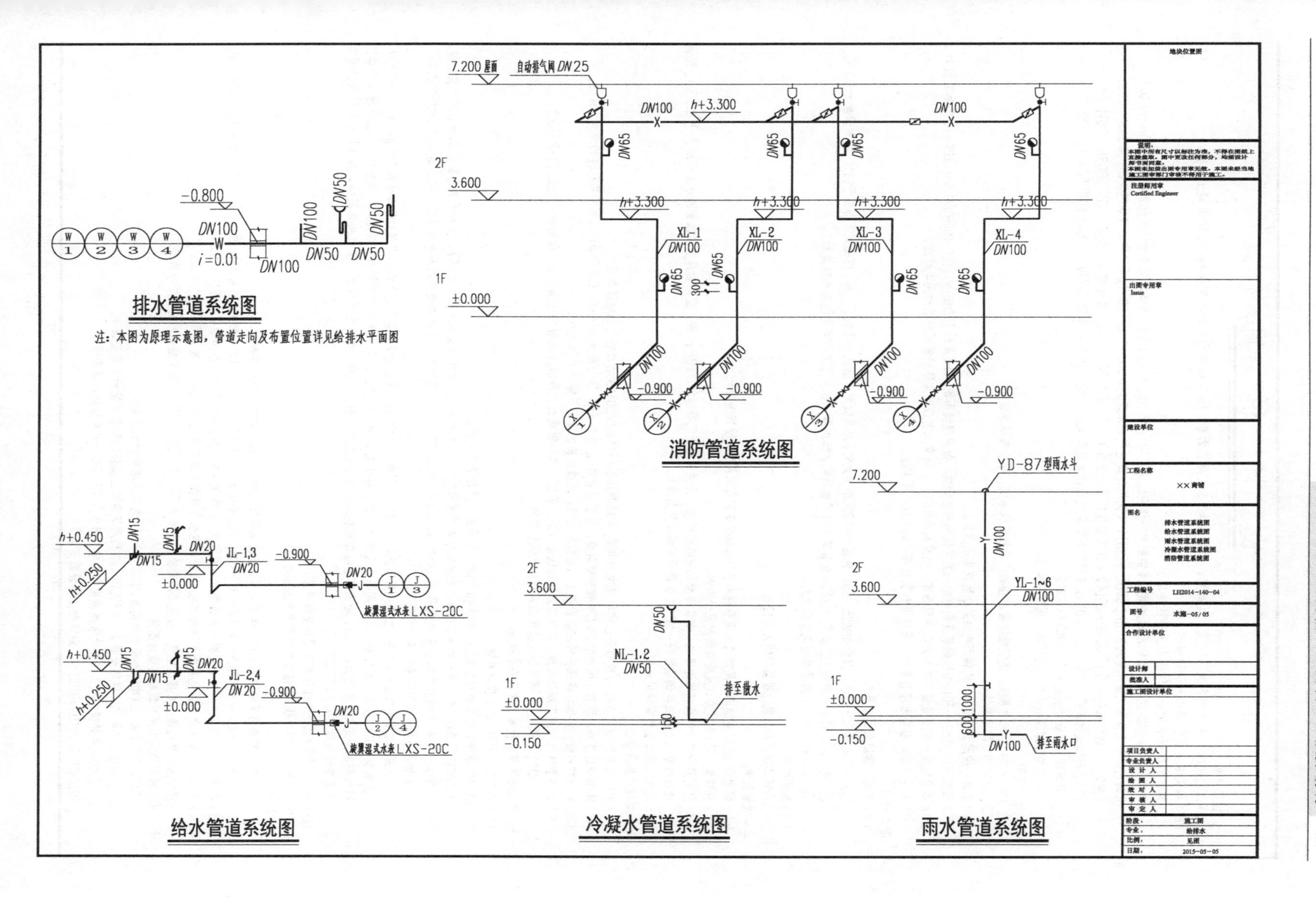

排水管道系统图
注：本图为原理示意图，管道走向及布置位置详见给排水平面图
给水管道系统图
旋翼湿式水表LXS-20C
消防管道系统图
自动排气阀DN25
7.200 屋面
冷凝水管道系统图
排至散水
雨水管道系统图
YD-87型雨水斗
排至雨水口
地块位置图
说明：
注册师用章
Certified Engineer
出图专用章
Issue
建设单位
工程名称
××商铺
图名
排水管道系统图
给水管道系统图
雨水管道系统图
冷凝水管道系统图
消防管道系统图
工程编号
LH2014-140-04
图号
水施-05/05
合作设计单位
设计师
批准人
施工图设计单位
项目负责人
专业负责人
设计人
绘图人
校对人
审核人
审定人
阶段：
施工图
专业：
给排水
比例：
见图
日期：
2015-05-05

设　计　说　明

一、设计依据

（1）工程概况：本工程为××商铺，共两层，层高均为3.6m。建筑面积576m²。结构形式为框架结构，现浇混凝土楼板。

（2）相关专业提供的工程设计资料。

（3）建设单位提供的设计任务书及设计要求。

（4）中华人民共和国现行主要标准及法规：《供配电系统设计规范》GB 50052—2009，《低压配电设计规范》GB 50054—2011
《通用用电设备配电设计规范》GB 50055—2011，《民用建筑电气设计规范》JGJ/T 16—2008，《住宅建筑规范》GB 50368—2005
《建筑设计防火规范》GB 50016—2014，《江苏省住宅设计标准》DJG 32/J26—2006，《住宅设计规范》GB 50096—2011
《商店建筑设计规范》JGJ 48—2014，《住宅建筑电气设计规范》JGJ 242—2011，《建筑照明设计标准》GB 50034—2013
《建筑物防雷设计规范》GB 50057—2010
其他有关国家及地方的现行规程、规范及标准。

二、设计范围

220/380V配电系统；建筑物防雷、接地；有线电视系统；综合布线系统。

三、220/380V配电系统

（1）电源：按建设方要求，商铺用电由某小区变电所提供。

（2）根据JGJ 242—2011设计规范及供电部门要求住宅用电标准：每户建筑面积120m²及以下为8kW，120~150m²为12kW；12kW左右标准设计。

（3）本设计按建筑专业提供的各户型建筑面积，确定用电标准。供电实施前应以实际销售面积核对用电标准。

（4）供电方案、各电表箱设置的位置应得到供电部门认可后方可实施。

四、照明

（1）光源、镇流器及灯具

①本工程选用三基色，显色指数Ra=85，色温为4000K的荧光灯；灯具效率开敞式不得低于75%，格栅式不得低于60%。功率因数大于0.9。

②支架灯、灯盘采用稀土三基色T5或T8直管荧光灯（选用电子镇流器，T8也可采用节能型电感镇流器）。

③吸顶灯、筒灯采用紧凑型电子荧光灯。

（2）照明控制

商铺的照明采用就地设置照明开关控制。

五、设备安装

（1）配电箱（柜）安装高度及方式见设备材料表（落地柜安装需采用10#槽钢搁高）。

（2）接线盒（箱）安装方式及安装高度见平面图。

（3）所有灯开关，电插座均为暗装，安装高度见设备材料表。开关边缘距门框边缘0.15m；厨、卫间插座安装位置距水立管应大于0.15m。空调插座位置应与建筑空调预留洞一致（以空调预留洞位置为准）。

（4）消火栓等设备位置详见水专业。

六、导线选择及敷设

（1）电缆采用YJV-0.6/1kV交联聚乙烯绝缘电力电缆，电线采用BV-450/750V铜芯聚氯乙烯绝缘电线。

（2）除图中标注外，所有导线均穿PVC管保护暗敷设，保护管管径：2根为ϕ16；3~5根为ϕ20；6~8根为ϕ25，图中未标注的均为3根线。

（3）暗敷在混凝土内的导线保护管应敷设在上下层钢筋之间，成排敷设的管距不得小于20mm。

（4）预埋管线超过施工规范长度，中间需加装拉线盒或加大管径。各种管线过沉降缝时用普利卡管保护，做法参见98D301-2-18页；03D301-3第40页。通过防火分区应采取防火保护措施。

七、建筑物防雷、接地系统及安全措施

（1）本工程采用TN-C-S接地系统。

（2）该建筑物年预计雷击次数为0.1696次<0.25次。防雷按三类建筑物设防。

（3）本工程防雷接地、电气设备的保护接地、电梯机房等的接地共用统一的接地极，要求接地电阻不大于1Ω，实测不满足要求时，增设人工接地极。

（4）插座接地桩头，电线金属保护管，电缆桥架及配电箱（柜）及正常情况下用电设备不带电金属外壳均应与专用接地（PE）线连通（电缆桥架等金属物体与接地装置连接不少于两处）。

（5）本工程采用总等电位联结，总等电位板由紫铜板制成，应将建筑物内保护干线、设备进线总管等进行联结，总等电位联结线采用BV-1X25mm²PC32（或扁钢-40X4），总等电位联结均采用等电位卡子，禁止在金属管道上焊接。卫生间采用局部等电位联结，从适当地方引出两根大于ϕ16结构钢筋至局部等电位箱(LEB)，局部等电位箱暗装，底边距地0.3m。将卫生间内所有金属管道、金属构件联结。具体做法参见国标图集《等电位联结安装》02D501-2。

（6）安装在1.8m以下的插座均采用安全型插座。

八、综合布线、有线电视，做法见相应的系统图及平面图。

九、其他

（1）凡与施工有关而又未说明之处，参见国家、地方标准图集施工，或与设计院协商解决。

（2）本工程所选设备、材料必须具有国家级检测中心的检测合格证书（3C认证）；必须满足与产品相关的国家标准；供电产品、消防产品应具有入网许可证。

（3）本设计列出的《主要设备材料表》数量仅作预算用，不作定货的依据，投标单位的标书应以全套施工图为准。

（4）本工程中所及之强弱电界面与隔离措施，需由弱电承包商提供方案并经设计院及监理认可后方能施工。

（5）图中未注明处请按《建筑电气工程施工质量验收规范》GB 50303—2002及国家或地区有关规程施工。

十、本工程引用的国家建筑标准设计图集

10D302-1《低压双电源切换电路图》；10D303-2《常用风机控制电路图》
02D501-2《等电位联结安装》；03D501-3《利用建筑物金属体做防雷及接地装置安装》
00DX001《建筑电气工程设计常用图形和文字符号》；03D501-4《接地装置安装》
99D501-1、99(03)D501-1《建筑物防雷设施安装》

主要设备材料表

序号	图例	名称	型号　规格	安装	数量	单位	备注
1		总电箱	非　标	1.8　R		台	AL1
2		(商业)照明配电箱	PZ30终端组合电器箱	1.6　R		只	nALn
3	DD	总弱电箱		0.3　WR		只	
4	DM	弱电综合箱		0.3　WR		只	
5		双管荧光灯	光源2mT5　28W　2600lm	吸顶		只	
6		防水灯	节能型荧光灯　220V,18W	C		套	卫生间照明用
7		吸顶灯	节能型荧光灯　220V,18W	C		套	平面图有标注的除外
8		双联单控开关	86K21-10　250V,10A	1.3　WR		只	
9		单联单控开关	86K31-10　250V,10A	1.3　WR		只	
10		单联双控开关	A86系列	1.3　WR		只	
11		单相插座(防护型)	86Z223A10　250V,10A	0.3　WR		只	
12		单相插座(壁式空调,带开关)	86Z13KA16　250V,16A	2.0　WR		只	
13		单相插座(带开关)	86Z13FAK11-10　250V,10A	1.8　WR		只	卫生间用,表面加装防溅盒
14		单相插座	86Z223FAK11-10　250V,10A	1.4　WR		只	卫生间用,表面加装防溅盒
15		排风扇	86Z13F10　250V,10A	吸顶		只	
16	TP	电话插座出线盒	86ZP	0.3　WR		只	距电源插座水平间距不小于0.15m
17	TV	电视插座出线盒	86ZD	0.3　WR		只	距电源插座水平间距不小于0.15m
18	MEB	总等电位联结端子板　MEB	TD22-R-I　340×240×120	0.3　WR		只	
19	LEB	局部等电位联结端子板　LEB	TD22-R-II　185×100×50	0.3　WR		只	卫生间用
20		接闪带	热镀锌扁钢　25×4				见防雷说明
21		共用接地装置	热镀锌扁钢　40×4				室外整平地面下1.0m

导线穿管管径选择表

导线型号	BV-450/750V型																				
管子类别	焊接钢管(SC)							套接紧定式电线管(JDG)							硬塑料管(PC)						
导线截面 \ 导线根数	2	3	4	5	6	7	8	2	3	4	5	6	7	8	2	3	4	5	6	7	8
2.5mm²	15	15	20	20	20	25	25	16	20	20	20	25	25	25	16	20	20	20	25	25	25
4.0mm²	20	20	20	20	25	25	25	20	20	25	25	25	25	32	20	20	25	25	25	25	32
6.0mm²	20	20	25	25	25	25	25	20	20	25	25	25	32	32	20	20	25	25	25	32	32
10.0mm²	20	25	25	32	32	32	32	25	32	32	32	40	40	40	25	32	32	32	40	40	40

常用安装方法、电气设备的标注

字母代号	线路敷设方式的标注	字母代号	导线敷设部位的标注	字母代号	灯具安装方式的标注	字母代号	电气设备的标注	字母代号	灯具光源代码
SC	穿焊接钢管敷设	WC	暗敷设在墙内	SW	线吊式、自在器线吊式	AL	照明配电箱代码	IN	白炽灯
JDG	穿套接紧定式电线管敷设	CC	暗敷设在屋面或顶板内	CS	链吊式	ALE	应急照明配电箱代码	FL	荧光灯
PC	穿硬塑料管敷设	FC	地板或地面下敷设	DS	管吊式	AP	动力配电箱代码	MH	金属卤化物灯
CT	电缆桥架敷设	AC	沿或跨柱敷设	W	壁装式	APE	应急电力配电箱代码	EL	电发光
MR	金属线槽敷设	WS	沿墙面敷设	C	吸顶式	AT	双电源切换箱代码	LED	发光二极管
PR	塑料线槽敷设	SCE	吊顶内敷设	R	嵌入式	AW	电度表箱代码	HI	石英灯
CP	穿金属软管敷设	CE	沿天棚或顶板面敷设	CL	柱上安装	AC	控制箱代码	UV	紫外线

地块位置图

说　明：
本图中所有尺寸以标注为准,不得在图纸上直接量取。图中更改任何部分，均须经设计师书面同意。
本图未加盖出图专用章无效。本图未经当地施工图审图部门审核不得用于施工。

注册师用章
Certified Engineer

出图专用章
Issue

建设单位

工程名称
XX商铺

图名
设计说明
主要设备材料表

工程编号　LH2014-140-04

图号　电施-01/10

施工图设计单位

项目负责人
专业负责人
设 计 人
绘 图 人
校 对 人
审 核 人
审 定 人

阶段：施工图
专业：电气
比例：见图
日期：2015-05

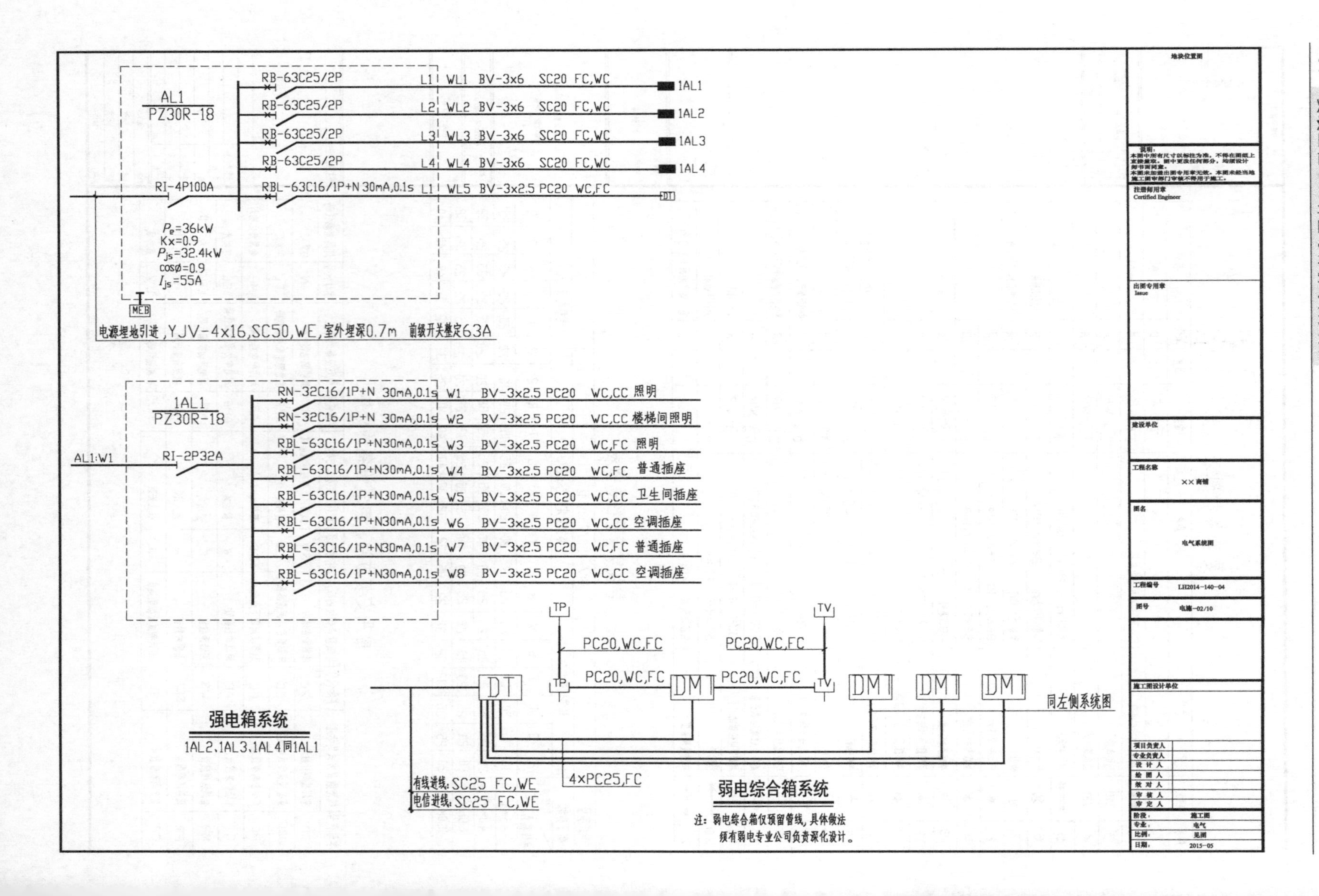

AL1
PZ30R-18
RI-4P100A
P_e=36kW
Kx=0.9
P_{js}=32.4kW
cosφ=0.9
I_{js}=55A
MEB
电源埋地引进 ,YJV-4x16,SC50,WE,室外埋深0.7m 前级开关整定63A
RB-63C25/2P L1 WL1 BV-3x6 SC20 FC,WC 1AL1
RB-63C25/2P L2 WL2 BV-3x6 SC20 FC,WC 1AL2
RB-63C25/2P L3 WL3 BV-3x6 SC20 FC,WC 1AL3
RB-63C25/2P L4 WL4 BV-3x6 SC20 FC,WC 1AL4
RBL-63C16/1P+N 30mA,0.1s L1 WL5 BV-3x2.5 PC20 WC,FC DT
1AL1
PZ30R-18
RI-2P32A
AL1:W1
RN-32C16/1P+N 30mA,0.1s W1 BV-3x2.5 PC20 WC,CC 照明
RN-32C16/1P+N 30mA,0.1s W2 BV-3x2.5 PC20 WC,CC 楼梯间照明
RBL-63C16/1P+N30mA,0.1s W3 BV-3x2.5 PC20 WC,FC 照明
RBL-63C16/1P+N30mA,0.1s W4 BV-3x2.5 PC20 WC,FC 普通插座
RBL-63C16/1P+N30mA,0.1s W5 BV-3x2.5 PC20 WC,CC 卫生间插座
RBL-63C16/1P+N30mA,0.1s W6 BV-3x2.5 PC20 WC,CC 空调插座
RBL-63C16/1P+N30mA,0.1s W7 BV-3x2.5 PC20 WC,FC 普通插座
RBL-63C16/1P+N30mA,0.1s W8 BV-3x2.5 PC20 WC,CC 空调插座
强电箱系统
1AL2.1AL3.1AL4同1AL1
TP
TV
PC20,WC,FC
PC20,WC,FC
DT
PC20,WC,FC
DMI
PC20,WC,FC
DMI
DMI
DMI
同左侧系统图
有线进线.SC25 FC,WE
电信进线.SC25 FC,WE
4×PC25,FC
弱电综合箱系统
注：弱电综合箱仅预留管线，具体做法须有弱电专业公司负责深化设计。
地块位置图
注册师用章 Certified Engineer
出图专用章 Issue
建设单位
工程名称 ××商铺
图名 电气系统图
工程编号 LH2014-140-04
图号 电施-02/10
施工图设计单位
项目负责人
专业负责人
设计人
绘图人
校对人
审核人
审定人
阶段 施工图
专业 电气
比例 见图
日期 2015-05

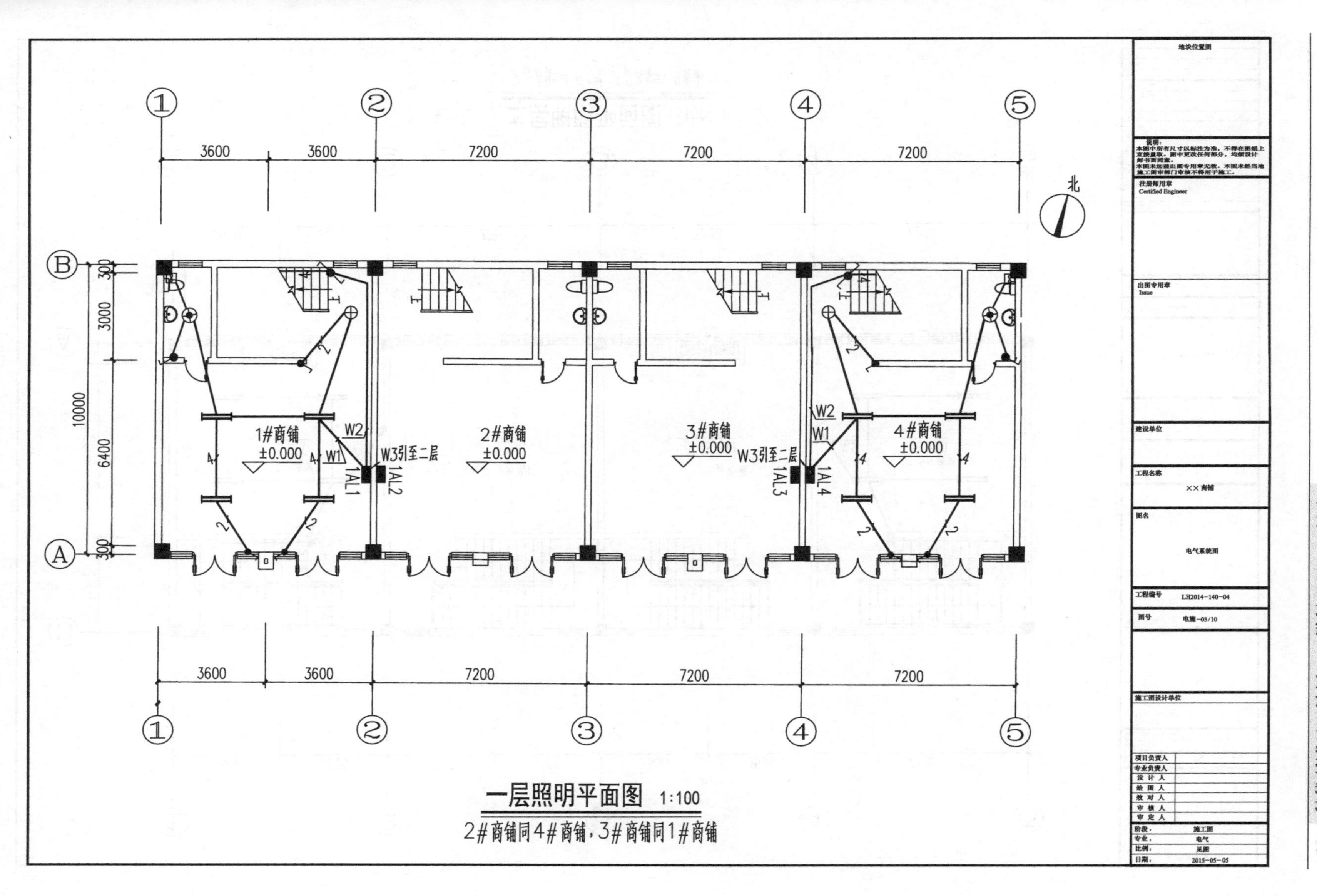

一层照明平面图 1:100

2#商铺同4#商铺，3#商铺同1#商铺

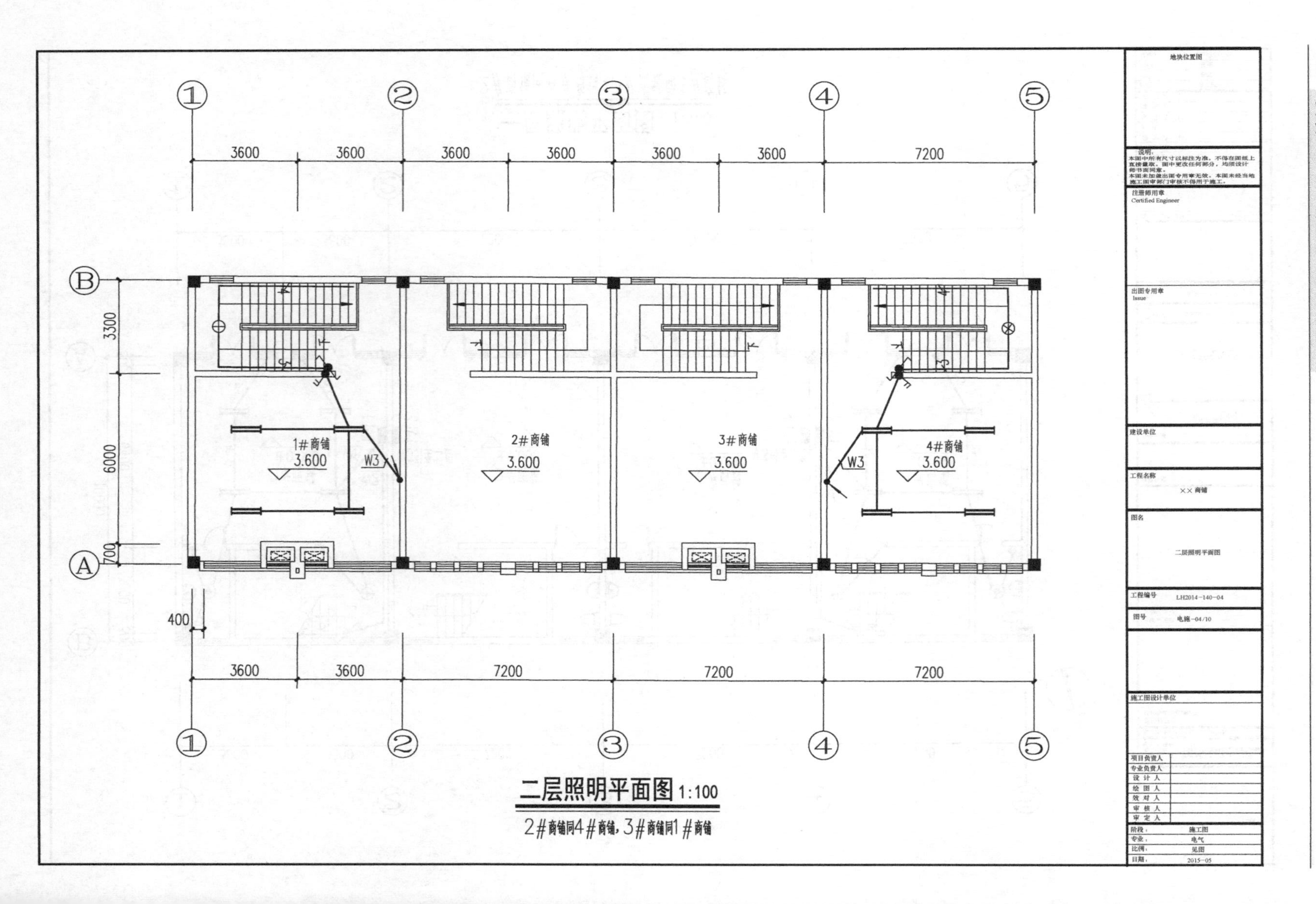
1#商铺
2#商铺
3#商铺
4#商铺
3.600
W3
3600
7200
3300
6000
700
400
地块位置图
说明：
本图中所有尺寸以标注为准，不得在图纸上直接量取，图中更改任何部分，均须设计师书面同意。
本图未加盖出图专用章无效，本图未经当地施工图审核部门审核不得用于施工。
注册师用章
Certified Engineer
出图专用章
Issue
建设单位
工程名称
××商铺
图名
二层照明平面图
工程编号
LH2014-140-04
图号
电施-04/10
施工图设计单位
项目负责人
专业负责人
设计人
绘图人
校对人
审核人
审定人
阶段：施工图
专业：电气
比例：见图
日期：2015-05
二层照明平面图 1:100
2#商铺同4#商铺，3#商铺同1#商铺

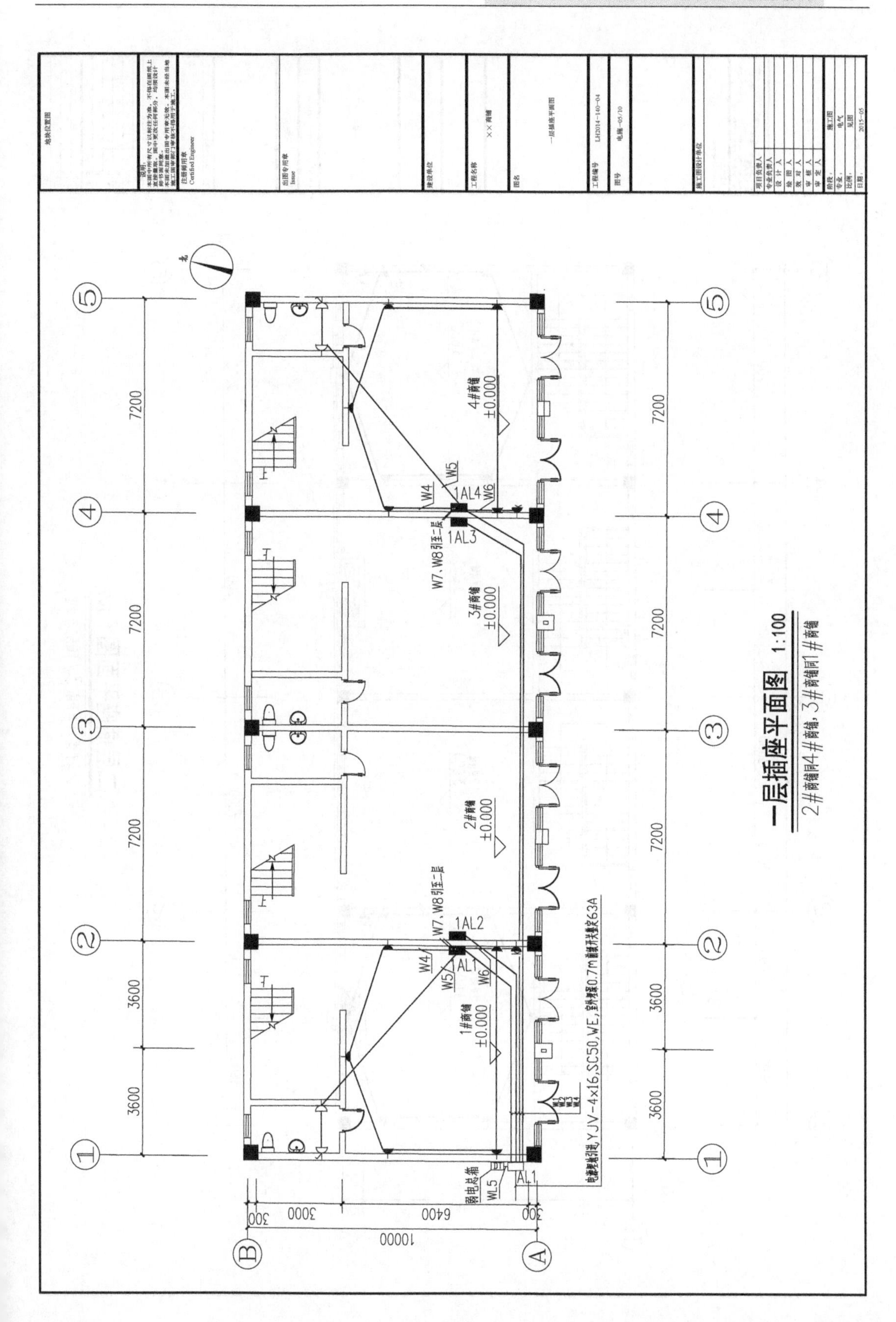

一层插座平面图 1:100
2#商铺同4#商铺，3#商铺同1#商铺
1AL4
1AL3
1AL2
AL1
W4
W5
W6
W7，W8引至二层
1#商铺 ±0.000
2#商铺 ±0.000
3#商铺 ±0.000
4#商铺 ±0.000
弱电总箱
WL5
7200
3600
10000
6400
3000
300

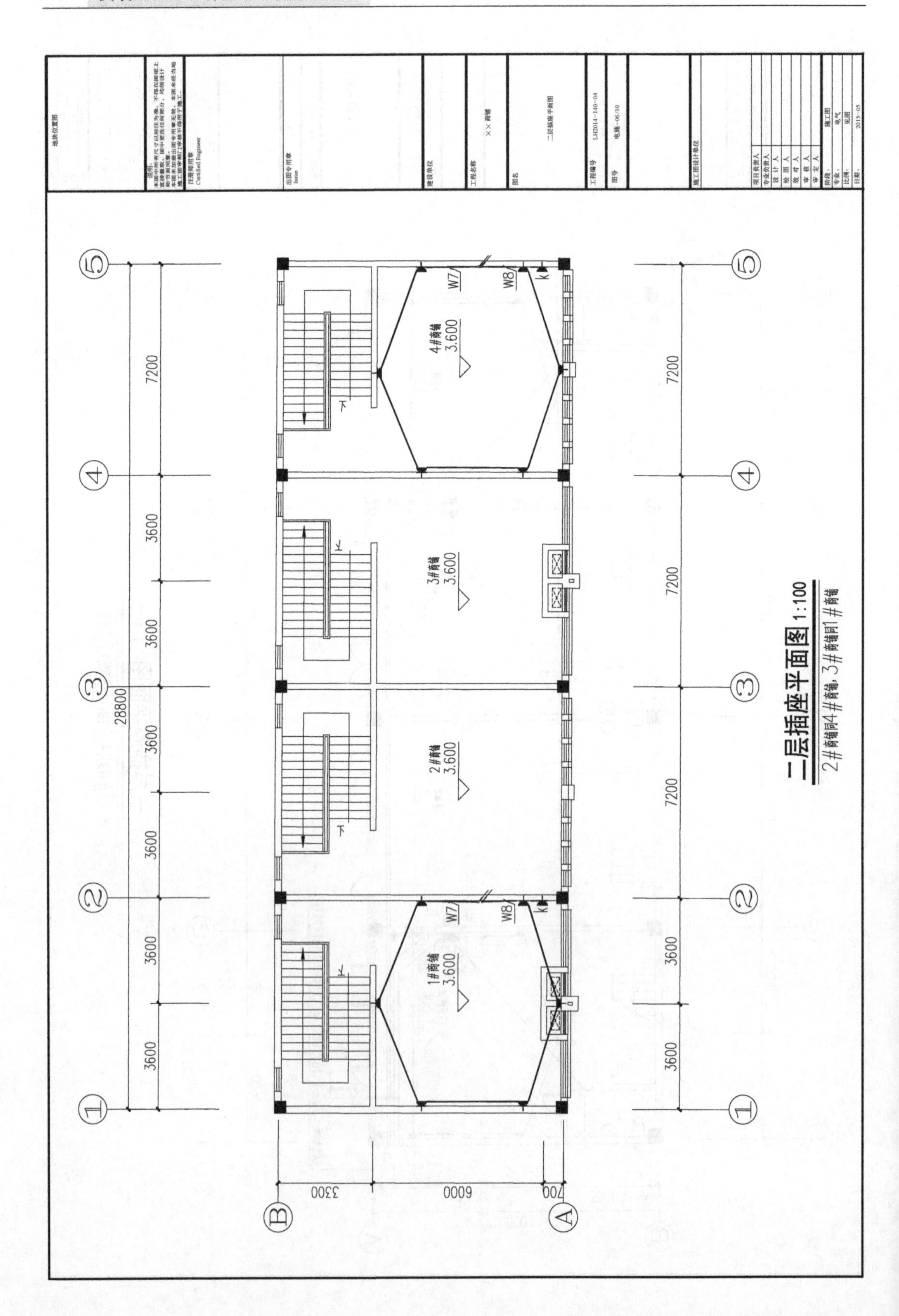
二层插座平面图 1:100
2#商铺同4#商铺，3#商铺同1#商铺
1#商铺
2#商铺
3#商铺
4#商铺
3.600
W7
W8
28800
7200
3600
3300
6000
700
二层插座平面图
LH2014-140-04
电施-06/10
××商铺
2015-05

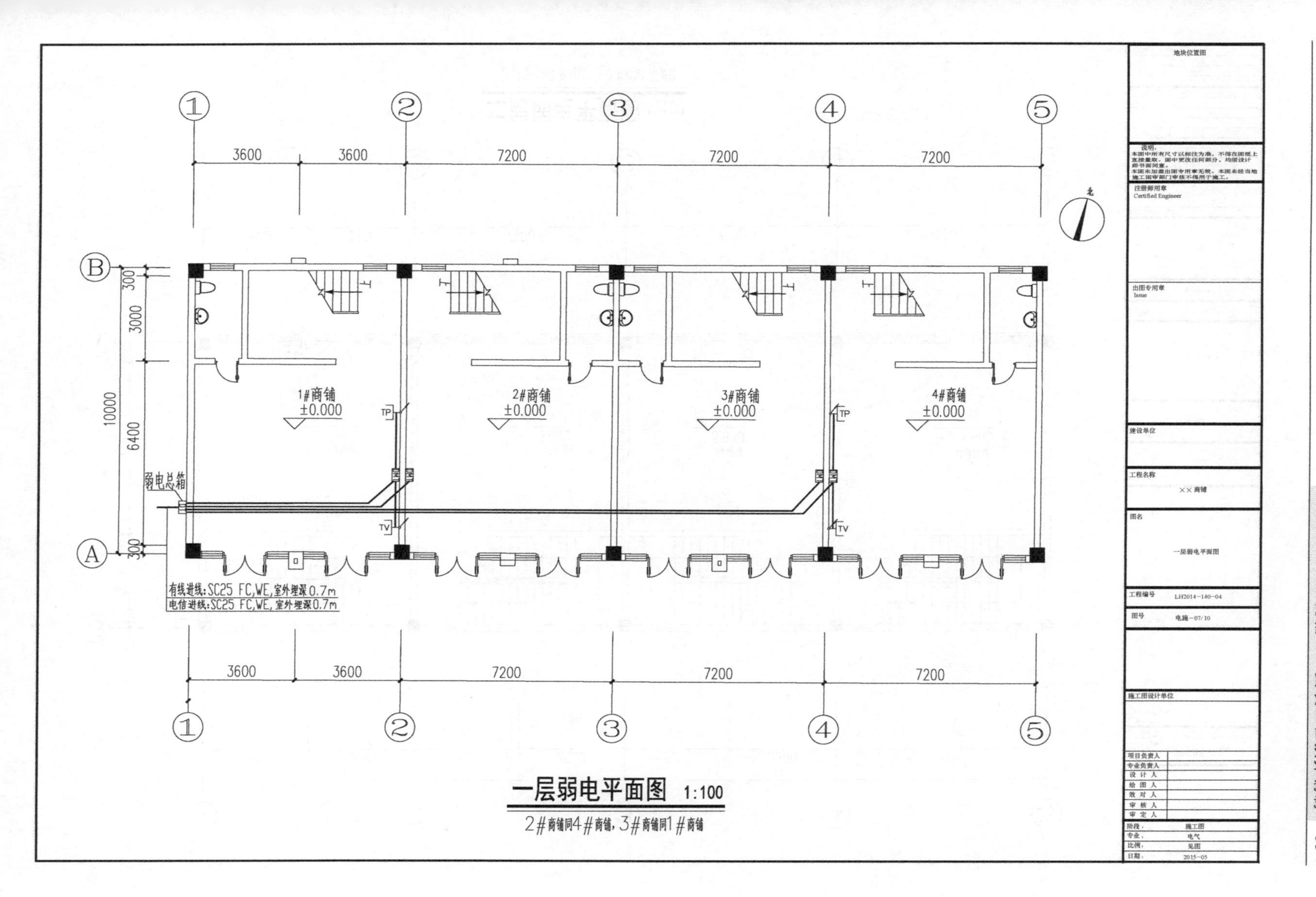
3600
3600
7200
7200
7200
300
3000
10000
6400
300
弱电总箱
1#商铺
±0.000
2#商铺
±0.000
3#商铺
±0.000
4#商铺
±0.000
TP
TV
有线进线:SC25 FC,WE,室外埋深0.7m
电信进线:SC25 FC,WE,室外埋深0.7m
一层弱电平面图 1:100
2#商铺同4#商铺，3#商铺同1#商铺
地块位置图
注册师用章
Certified Engineer
出图专用章
Issue
建设单位
工程名称
××商铺
图名
一层弱电平面图
工程编号 LH2014-140-04
图号 电施-07/10
施工图设计单位
项目负责人
专业负责人
设计人
绘图人
校对人
审核人
审定人
阶段：施工图
专业：电气
比例：见图
日期：2015-05

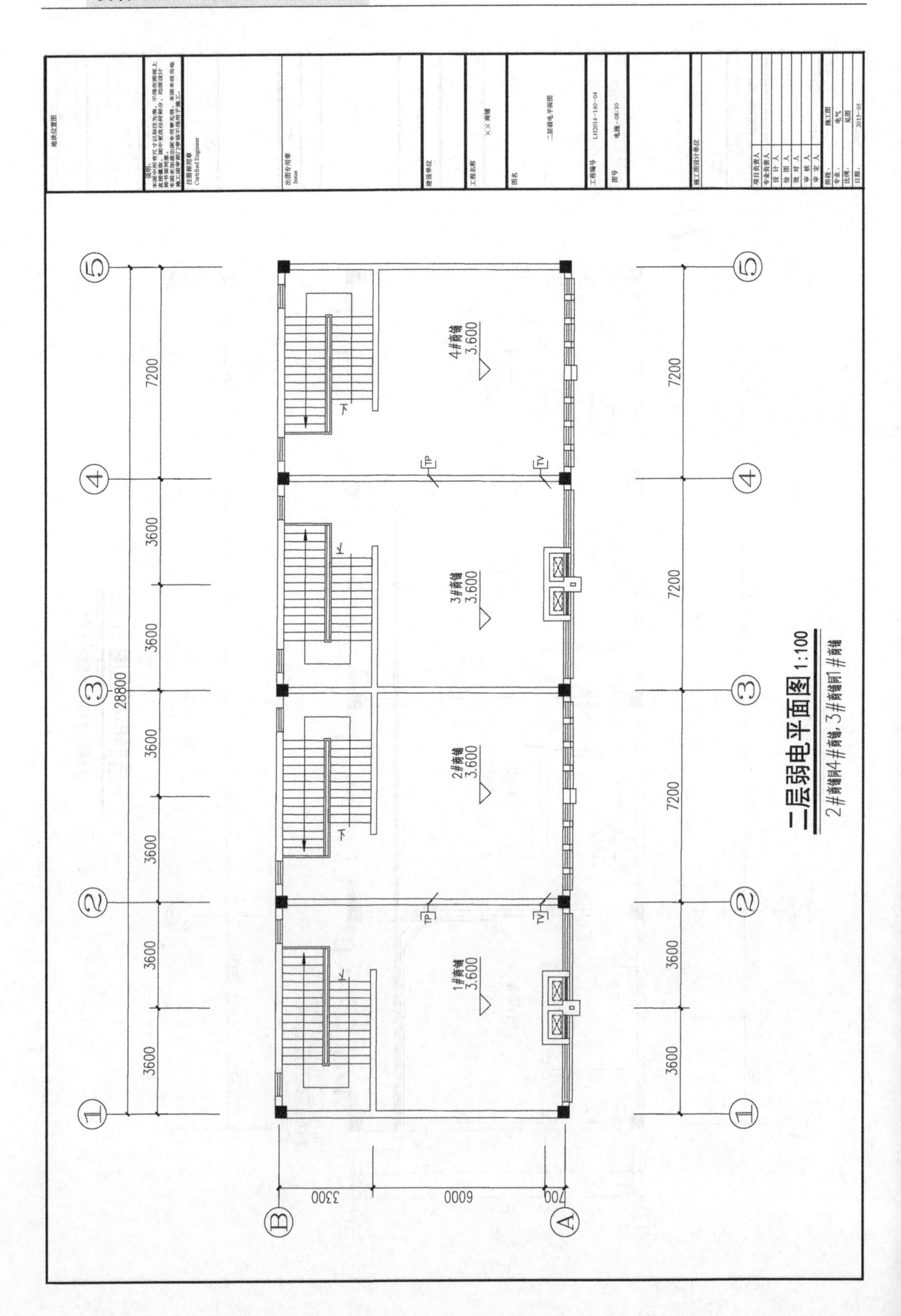
二层弱电平面图 1:100
2#商铺同4#商铺，3#商铺同1#商铺
1#商铺 3.600
2#商铺 3.600
3#商铺 3.600
4#商铺 3.600
TP
TV
7200
3600
28800
3300
6000
700
二层弱电平面图
LH2014-140-04
电施-08/10
××商铺

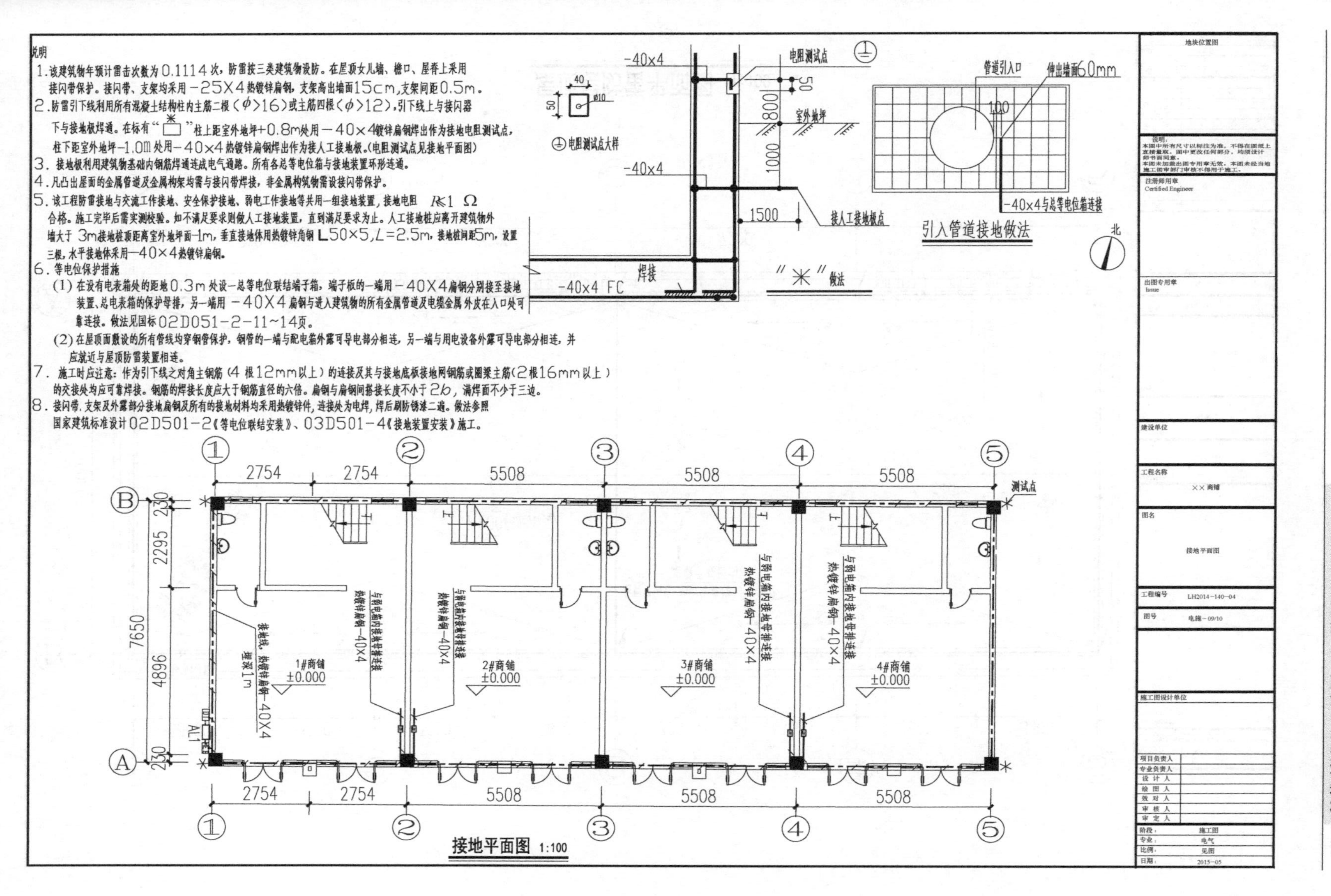
说明
1.该建筑物年预计雷击次数为0.1114次，防雷按三类建筑物设防。在屋顶女儿墙、檐口、屋脊上采用接闪带保护。接闪带、支架均采用－25X4热镀锌扁钢，支架高出墙面15cm,支架间距0.5m。
2.防雷引下线利用所有混凝土结构柱内主筋二根（φ>16）或主筋四根（φ>12），引下线上与接闪器下与接地极焊通。在标有“※”柱上距室外地坪+0.8m处用－40×4镀锌扁钢焊出作为接地电阻测试点，柱下距室外地坪-1.0m处用－40×4热镀锌扁钢焊出作为接人工接地极。(电阻测试点见接地平面图)
3.接地极利用建筑物基础内钢筋焊通连成电气通路。所有各总等电位箱与接地装置环形连通。
4.凡凸出屋面的金属管道及金属构架均需与接闪带焊接，非金属构筑物需设接闪带保护。
5.该工程防雷接地与交流工作接地、安全保护接地、弱电工作接地等共用一组接地装置，接地电阻 R≤1 Ω合格。施工完毕后需实测校验。如不满足要求则做人工接地装置，直到满足要求为止。人工接地桩应离开建筑物外墙大于3m接地桩顶距离室外地坪面-1m，垂直接地体用热镀锌角钢 L50×5,L=2.5m，接地桩间距5m，设置三根，水平接地体采用—40×4热镀锌扁钢。
6.等电位保护措施
(1)在设有电表箱处的距地0.3m处设一总等电位联结端子箱，端子板的一端用－40X4扁钢分别接至接地装置、总电表箱的保护母排，另一端用－40X4扁钢与进入建筑物的所有金属管道及电缆金属外皮在入口处可靠连接。做法见国标02D051-2-11~14页。
(2)在屋顶面敷设的所有管线均穿钢管保护，钢管的一端与配电箱外露可导电部分相连，另一端与用电设备外露可导电部分相连，并应就近与屋顶防雷装置相连。
7.施工时应注意：作为引下线之对角主钢筋(4根12mm以上)的连接及其与接地底板接地网钢筋或圈梁主筋(2根16mm以上)的交接处均应可靠焊接。钢筋的焊接长度应大于钢筋直径的六倍。扁钢与扁钢间搭接长度不小于2b，满焊面不少于三边。
8.接闪带、支架及外露部分接地扁钢及所有的接地材料均采用热镀锌件，连接处为电焊，焊后刷防锈漆二道。做法参照国家建筑标准设计02D501-2《等电位联结安装》、03D501-4《接地装置安装》施工。
-40x4
电阻测试点
40
50
ϕ10
电阻测试点大样
50
800
室外地坪
1000
-40x4
1500
接人工接地极点
焊接
-40x4 FC
“※”做法
管道引入口
伸出墙面60mm
100
-40x4与总等电位箱连接
引入管道接地做法
北
测试点
2754
5508
7650
2295
4896
230
与弱电箱内接地母排连接
热镀锌扁钢-40×4
接地线，热镀锌扁钢-40X4
埋深1m
1#商铺
±0.000
2#商铺
±0.000
3#商铺
±0.000
4#商铺
±0.000
AL1
接地平面图 1:100
地块位置图
说明：
本图中所有尺寸以标注为准，不得在图纸上直接量取，图中更改任何部分，均须设计师书面同意。
本图未加盖出图专用章无效，本图未经当地施工图审部门审核不得用于施工。
注册师用章
Certified Engineer
出图专用章
Issue
建设单位
工程名称
××商铺
图名
接地平面图
工程编号
LH2014-140-04
图号
电施-09/10
施工图设计单位
项目负责人
专业负责人
设计人
绘图人
校对人
审核人
审定人
阶段：
施工图
专业：
电气
比例：
见图
日期：
2015-05

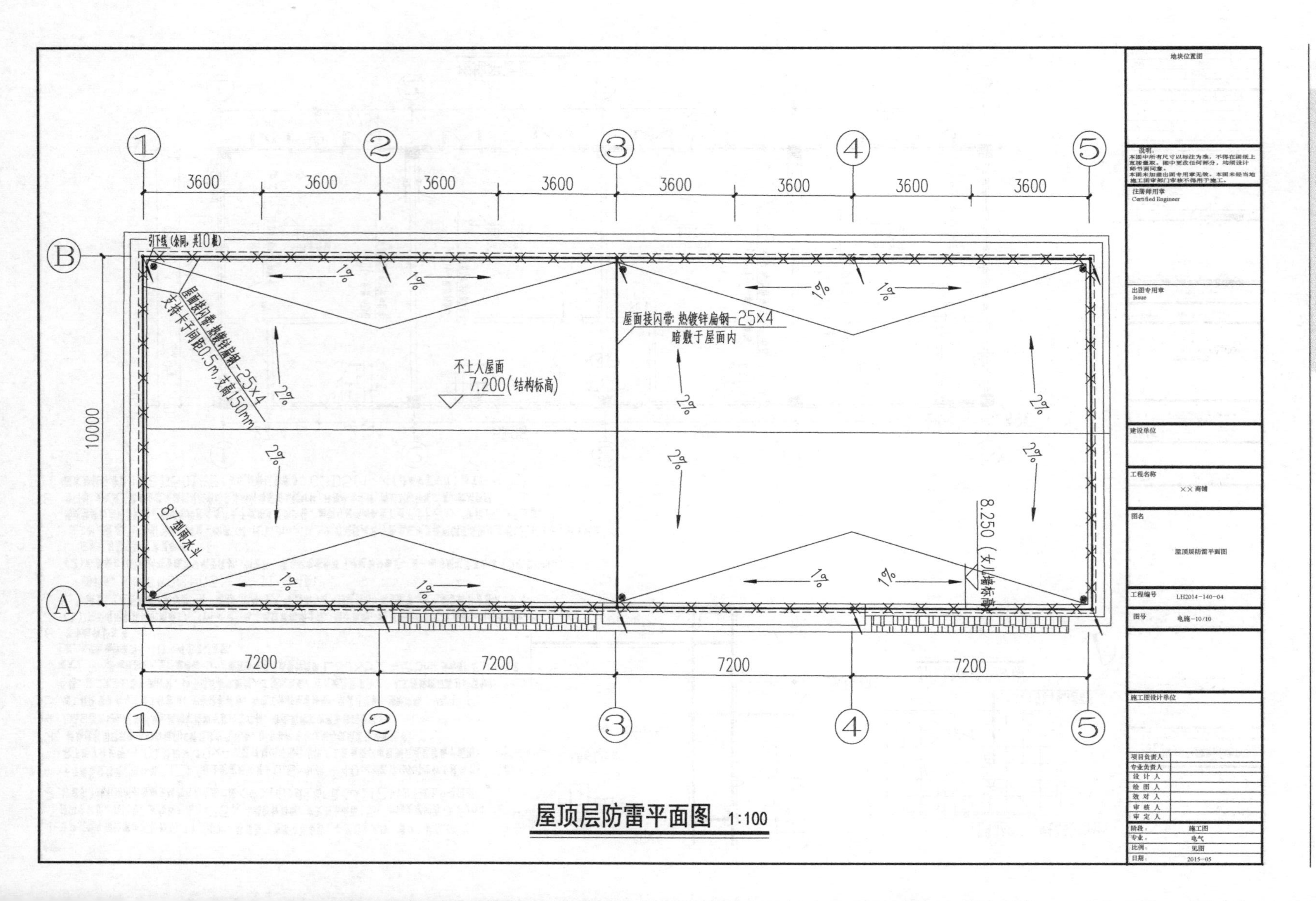

引下线（余同，共10根）
屋面接闪带：热镀锌扁钢—25×4
支持卡子间距0.5m，支高150mm
屋面接闪带：热镀锌扁钢—25×4
暗敷于屋面内
不上人屋面
7.200（结构标高）
87型雨水斗
8.250（女儿墙标高）
1%
2%
3600
7200
10000
屋顶层防雷平面图 1:100
地块位置图
说明：
本图中所有尺寸以标注为准，不得在图纸上直接量取。图中更改任何部分，均须设计师书面同意。
本图未加盖出图专用章无效。本图未经当地施工图审部门审核不得用于施工。
注册师用章
Certified Engineer
出图专用章
Issue
建设单位
工程名称
××商铺
图名
屋顶层防雷平面图
工程编号
LH2014-140-04
图号
电施-10/10
施工图设计单位
项目负责人
专业负责人
设计人
绘图人
校对人
审核人
审定人
阶段：施工图
专业：电气
比例：见图
日期：2015-05

模块二　××商铺——安装工程 BIM 模型

××商铺——安装工程 BIM 模型图见图 3-1～图 3-15。

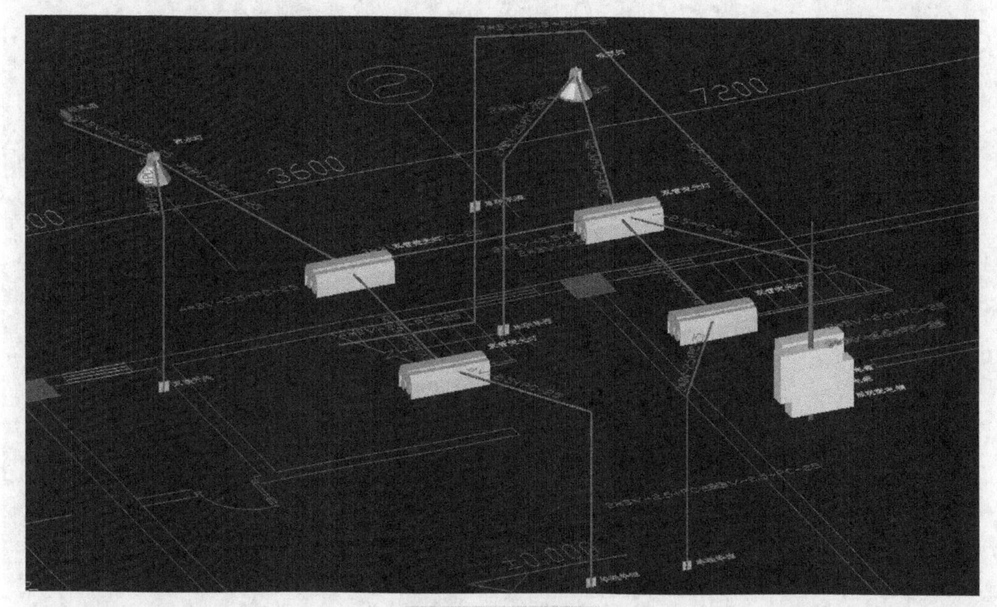

图 3-1　一层照明 1

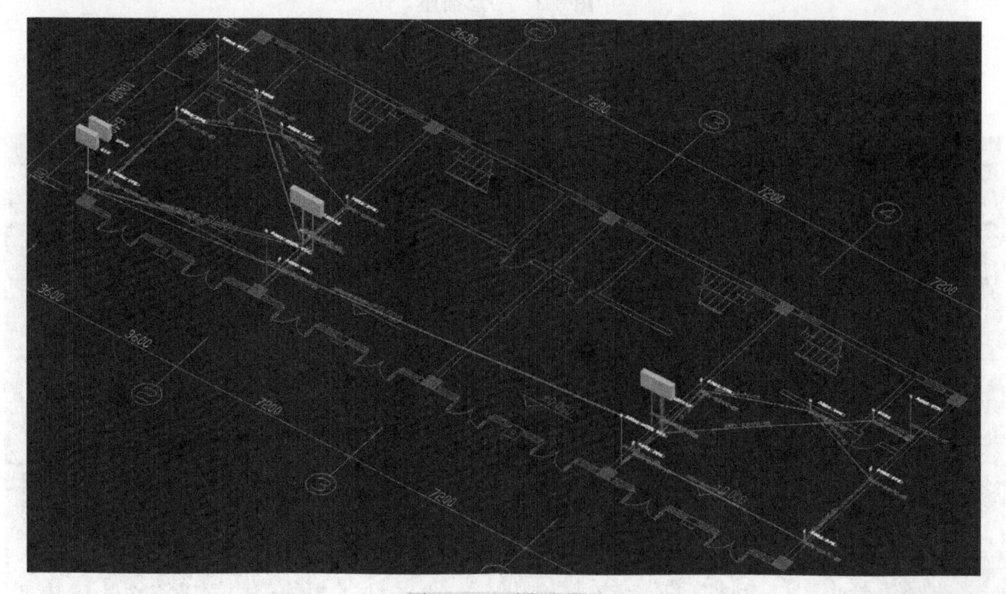

图 3-2　一层照明 2

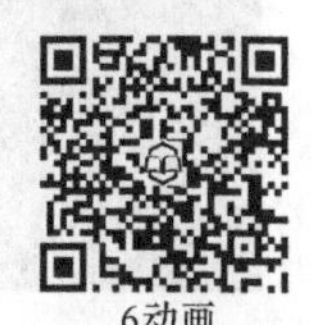

6动画

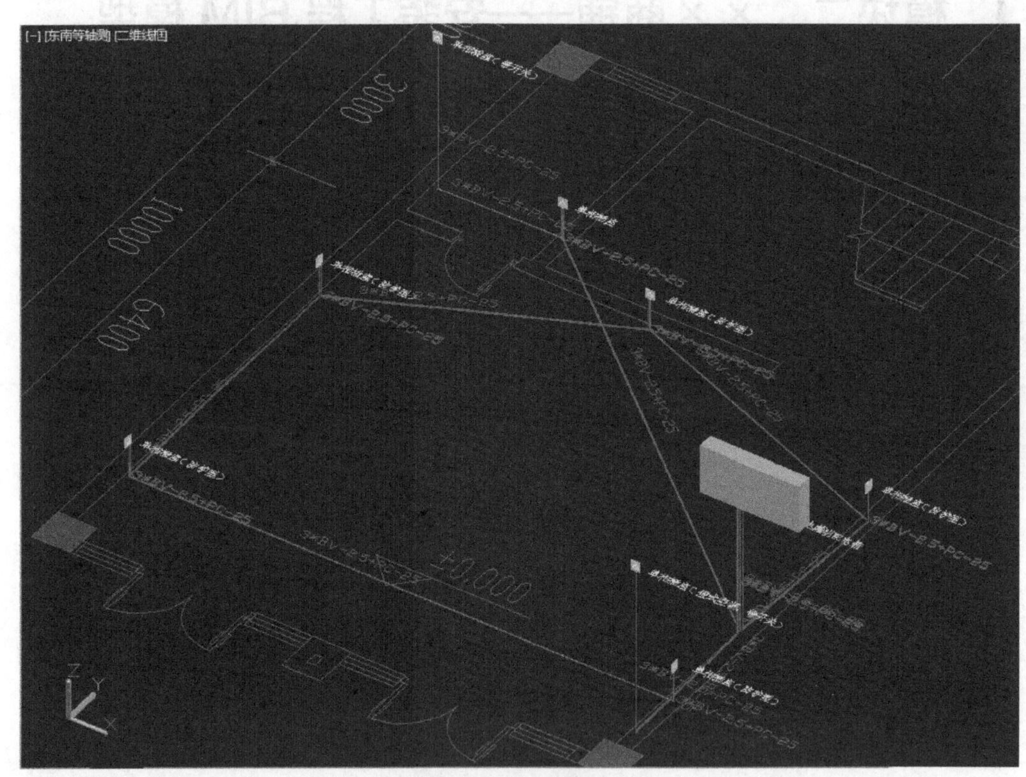

图 3-3 一层插座

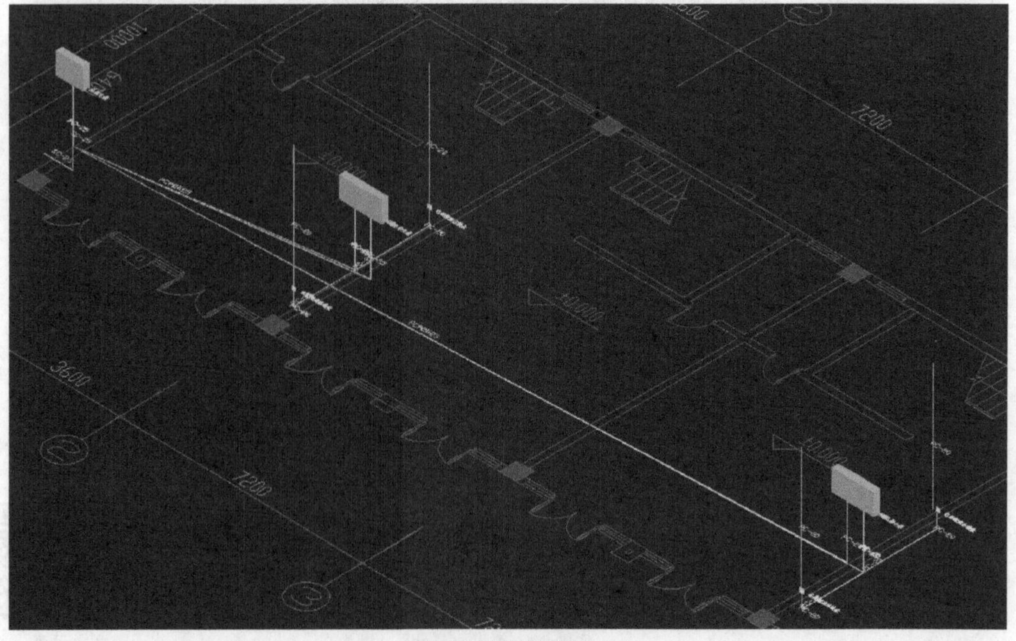

图 3-4 一层弱电

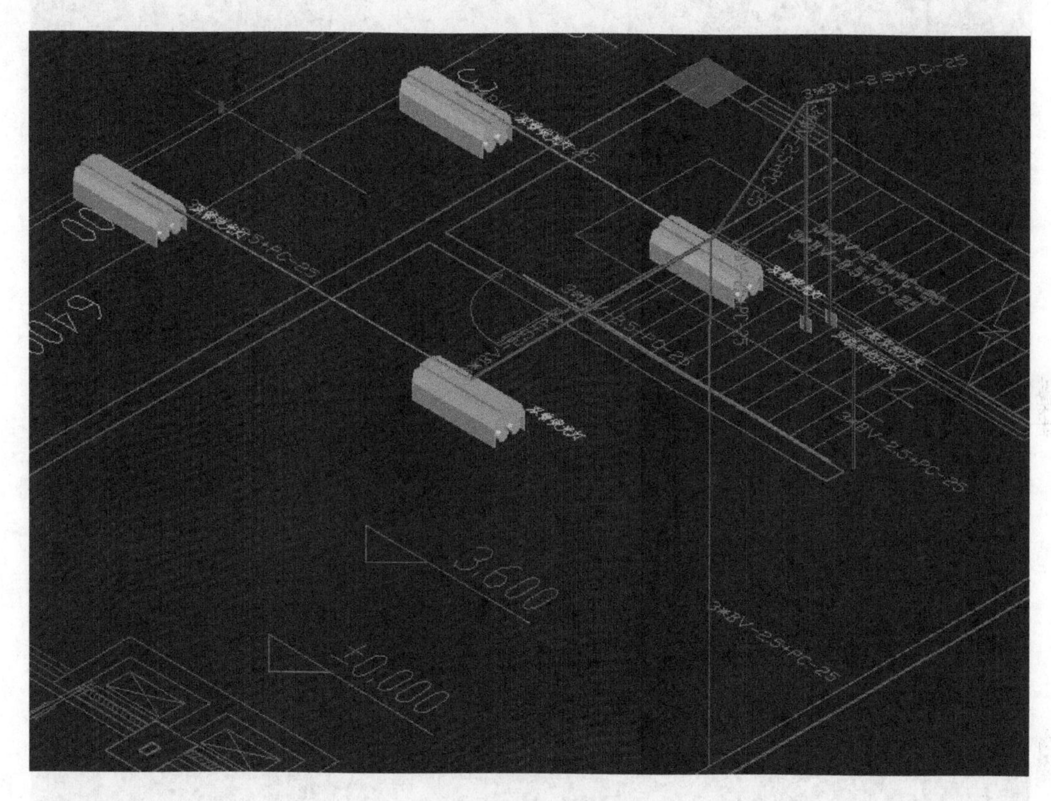

图 3-5　二层照明

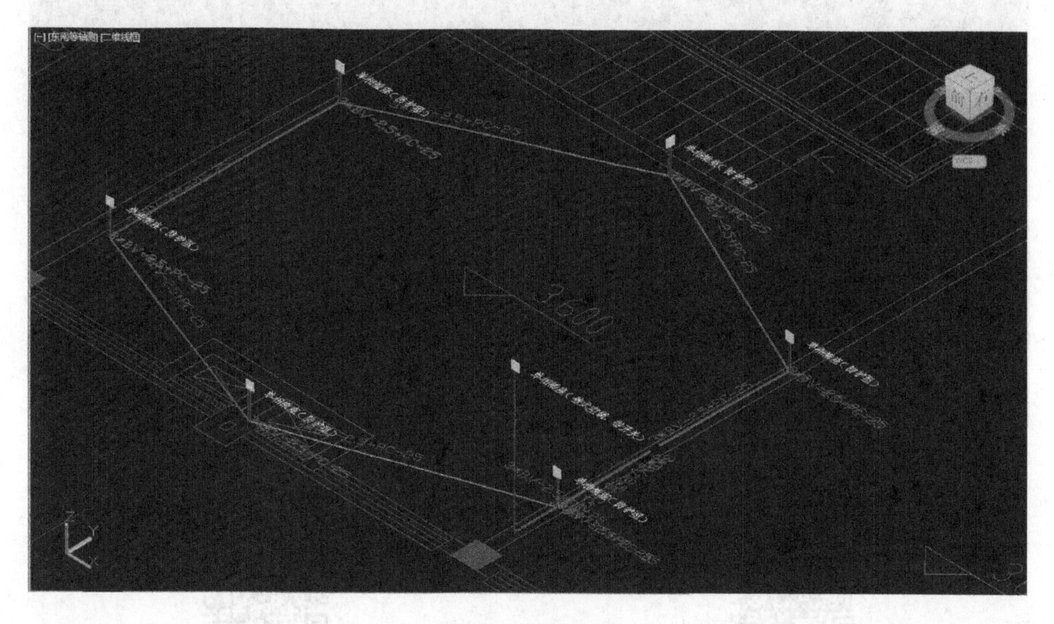

图 3-6　二层插座

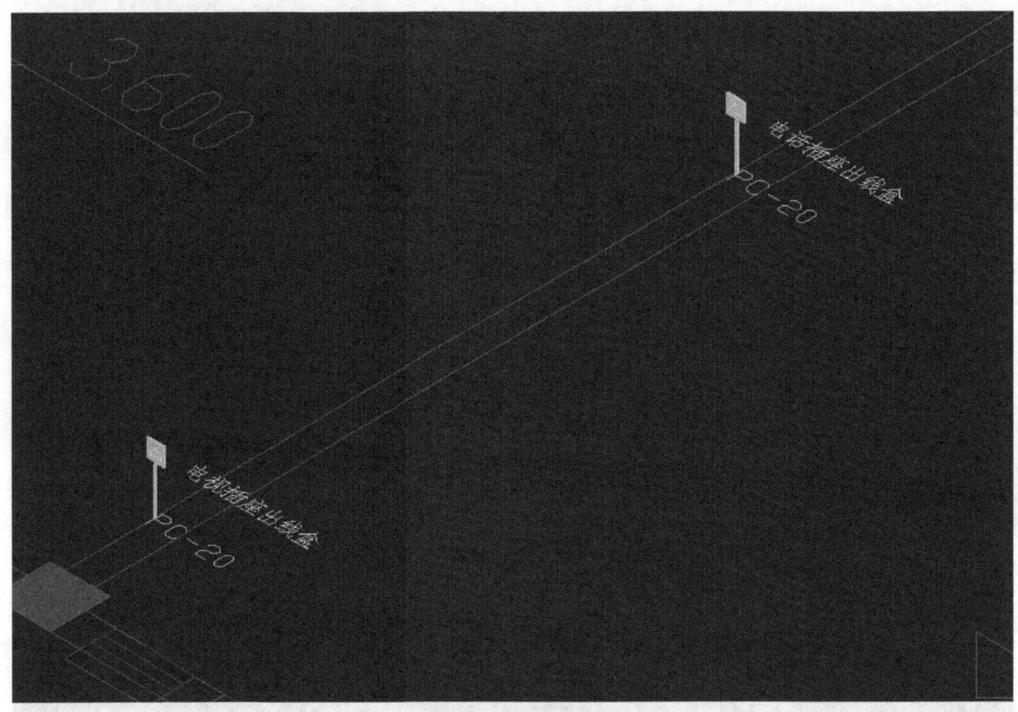

图 3-7 二层弱电 1

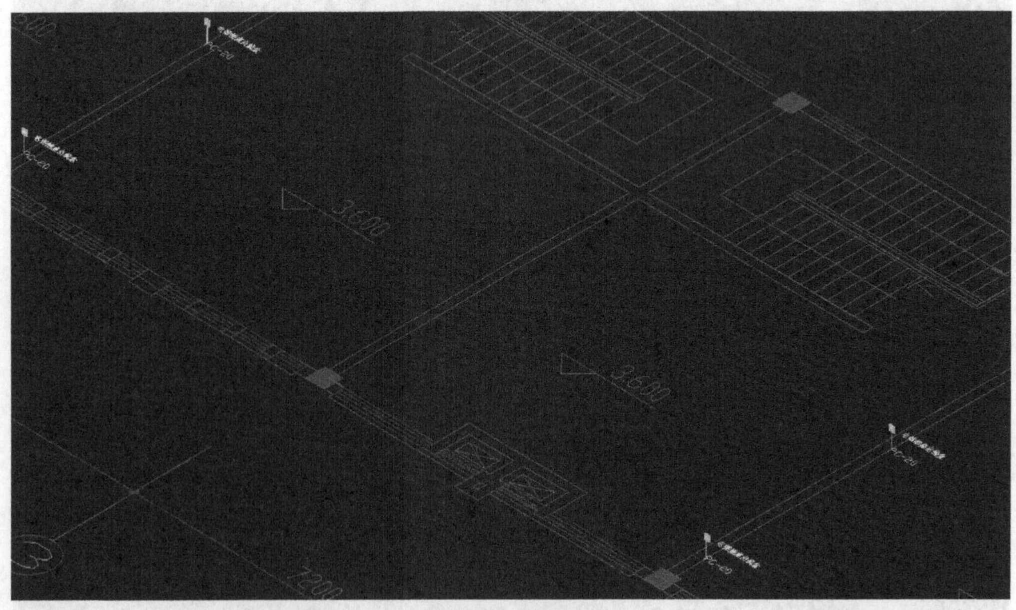

图 3-8 二层弱电 2

7动画

案例三 弱电系统

8动画

案例三 防雷接地系统

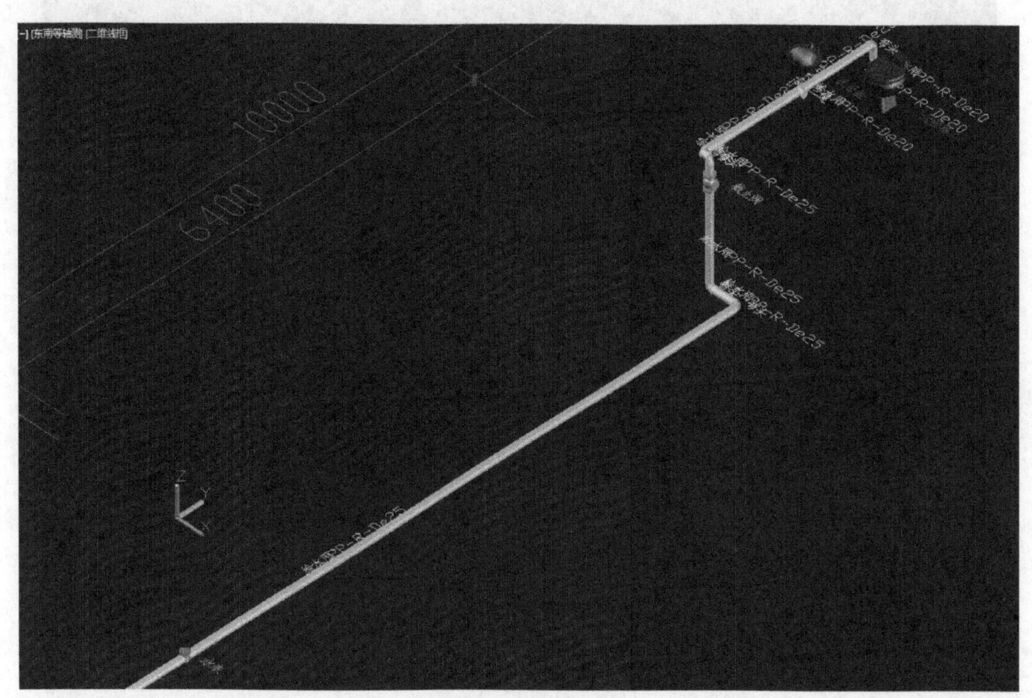

图 3-9　J1J3

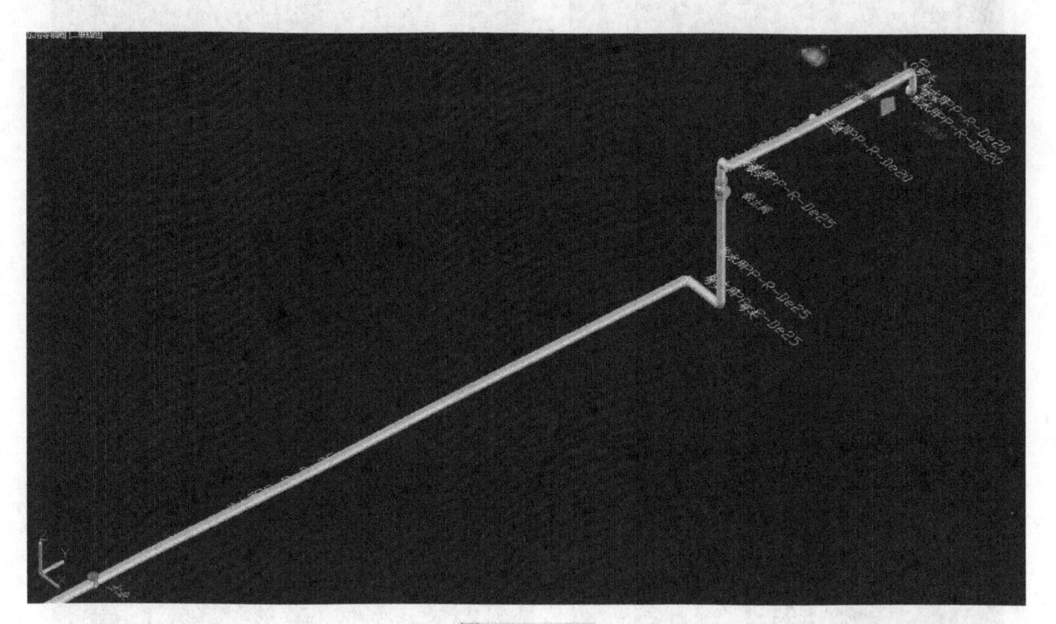

图 3-10　J2J4

9动画

案例三　给排水系统 1

图 3-11　W1234

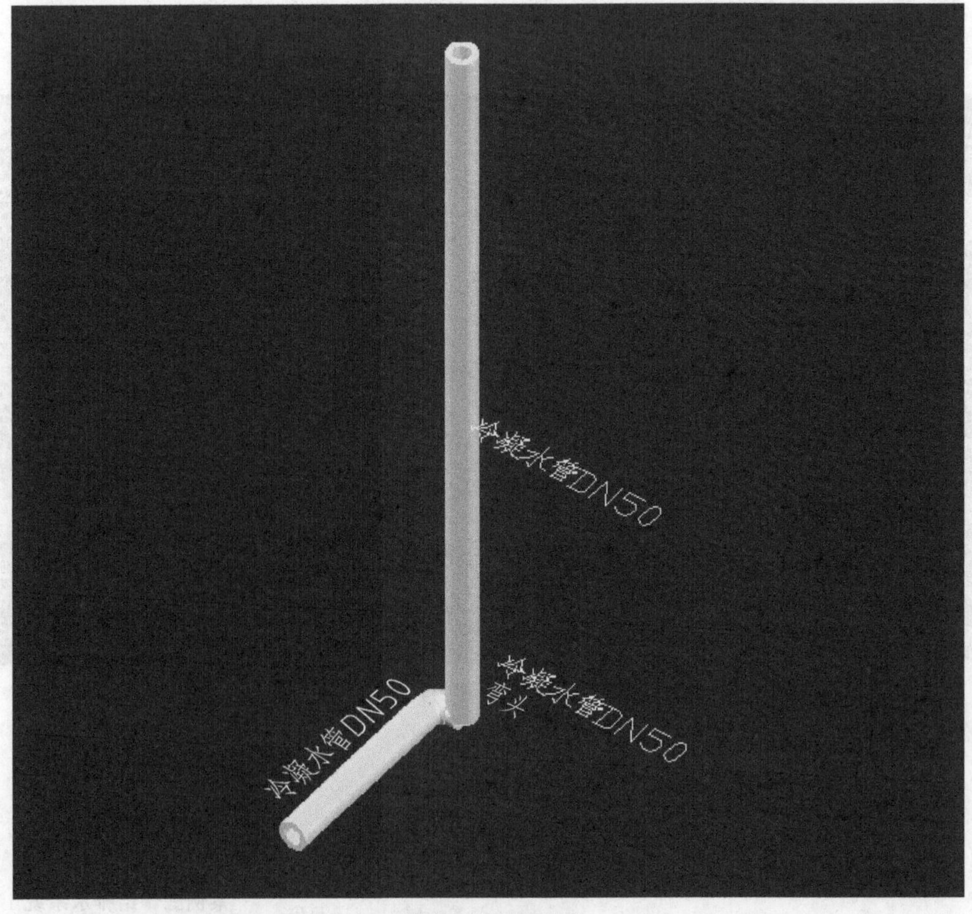

图 3-12　冷凝水管

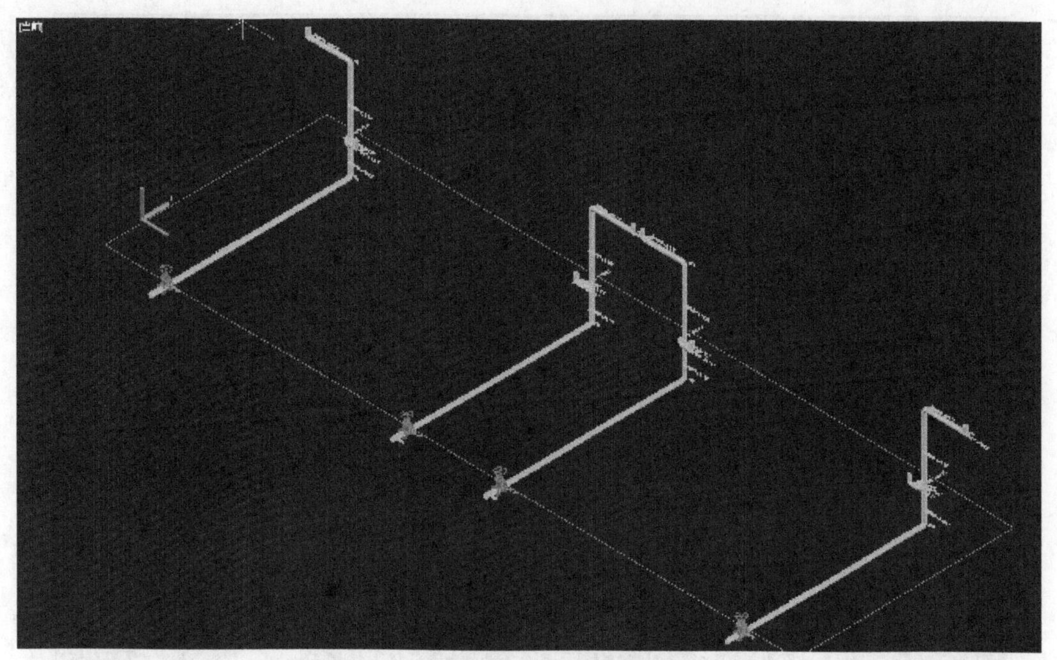

图 3-13　一层消防

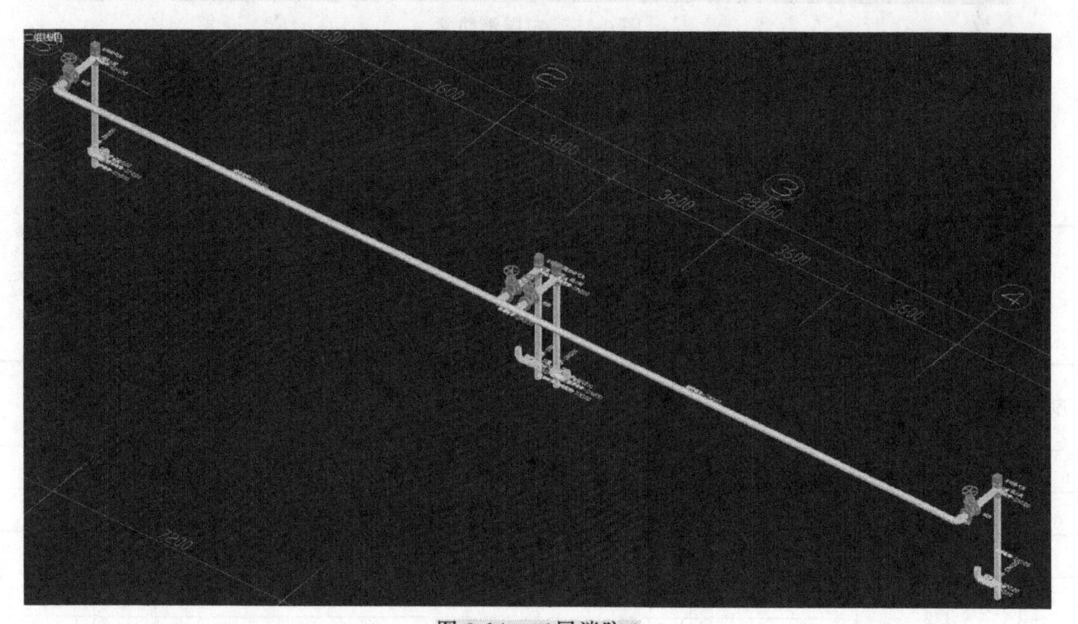

图 3-14　二层消防 1

10动画

案例三　给排水系统 2

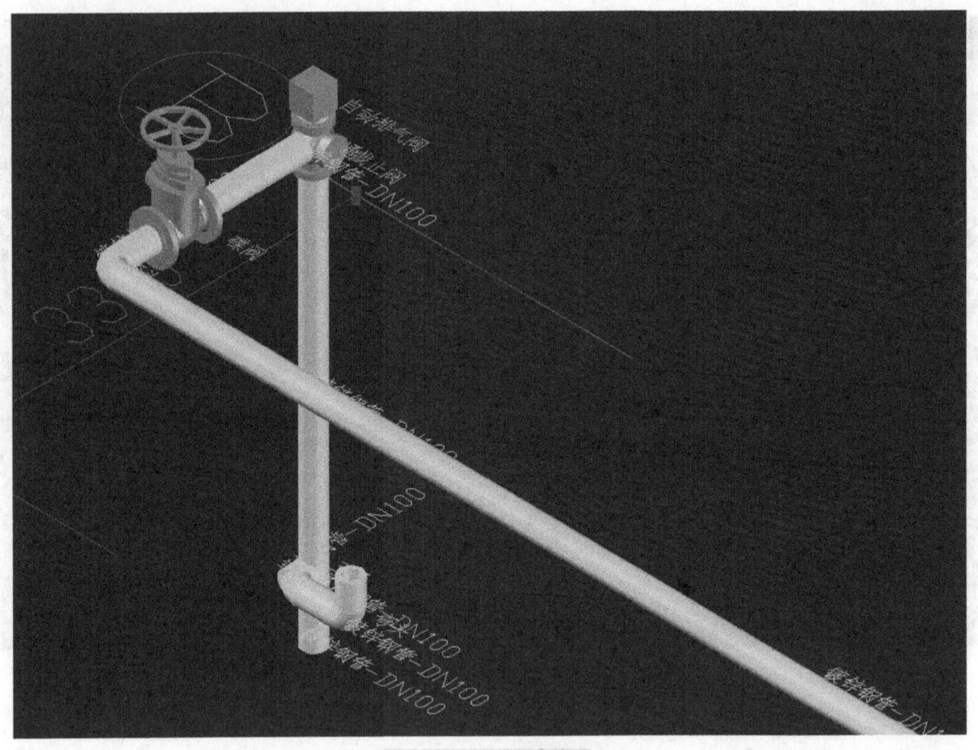

图 3-15 二层消防 2

模块三 ××商铺——安装工程预算编制（成果）

一、工程量计算书

1. 给排水工程量计算（表 3-3、表 3-4）

表 3-3 给排水工程量计算书

序号	计算部位	项目名称	计算公式	单位	工程数量
一	给水系统(PPR 管)				
1	J/1	d_e25	1.5【出外墙】+7.19+0.5+1.33+(0.9+0.45)↑	m	11.87
2		d_e20	1.04+(0.45−0.25)↑	m	1.24
3	J/2	d_e25	1.5【出外墙】+7.19+0.6+1.13+(0.9+0.45)↑	m	11.77
4		d_e20	1.24+(0.45−0.25)↑	m	1.44
5	J/3		J/3 同 J/1 的工程量		
6	J/4		J/4 同 J/2 的工程量		
二	排水系统(UPVC 管)				
7	W/1	DN100	1.5【出外墙】+0.85+0.21+(0.8+0.1)↑	m	3.46
8		DN50	1.01+0.36+0.34+(0.8+0.8)↑	m	3.31
9	W/2～4		W/2～4 同 W/1 工程量		

续表

序号	计算部位	项目名称	计算公式	单位	工程数量
三	雨水系统(UPVC管)				
10	YL-1	*DN*100	0.45+(0.6+7.2)↑	m	8.25
11	YL-2～6		YL-2～6同YL-1的工程量		
四	冷凝水系统(UPVC管)				
12	NL-1	*DN*50	2.46+0.13+0.59+3.6↑	m	6.78
13	NL-2	*DN*50	2.46+0.13+0.59+3.6↑	m	6.78
五	消防系统(热镀锌钢管)				
14	X/1一层支管	*DN*100(埋地)	1.5【出外墙】+7.04+0.9↑	m	9.44
15	XL-1立管	*DN*100	1.8+(3.6+3.3)↑	m	8.7
16		*DN*65	0.5*2+0.3*2↑	m	1.6
17	X/2一层支管	*DN*100(埋地)	1.5【出外墙】+7.04+0.9↑	m	9.44
18	XL-2立管	*DN*100	1.8+(3.6+3.3)↑	m	8.7
19		*DN*65	0.5*2+0.3*2↑	m	1.6
20	X/3、XL-3		同X/1、XL-1的工程量		
21	X/4、XL-4		同X/2、XL-2的工程量		
22	二层水平管	*DN*100	1.65*4+28.2	m	34.8

表3-4　给排水工程量汇总表

序号	计算部位	项目名称	计算公式	单位	工程数量
一	管线工程量汇总				
1	PPR给水管	d_e25	(11.87+11.77)*2	m	47.28
2		d_e20	(1.24+1.44)*2	m	5.36
3	UPVC排水管	*DN*100	3.46*4	m	13.84
4		*DN*50	3.31*4	m	13.24
5	承压型UPVC雨水管	*DN*100	8.25*6	m	49.5
6	UPVC冷凝排水管	*DN*50	6.78*2	m	13.56
7	热镀锌钢管	*DN*100(埋地)	(9.44+9.44)*2	m	37.76
8		*DN*100	8.7*4+34.8	m	69.6
9		*DN*65	1.6*4	m	6.4
二	设备工程量统计				
10	给水系统	旋翼湿式水表 *DN*20	4	个	4
11		截止阀 *DN*20	4	个	4
12	排水系统	坐便器	4	个	4
13		地漏 *DN*50	4	个	4
14		洗脸盆	4	个	4

续表

序号	计算部位	项目名称	计算公式	单位	工程数量
15	雨水系统	YD-87 型雨水斗	6	个	6
16	冷凝水系统	地漏 *DN*50	2	个	2
17	消防系统	蝶阀 *DN*100	5	个	5
18		自动排气阀 *DN*25	4	个	4
19		消火栓	8	个	8
20		闸阀 *DN*100	4	个	4
21		穿墙套管 *DN*150	3*4+3【二层隔墙套管】	个	15

2. 强电系统工程量计算（表 3-5、表 3-6）

表 3-5　强电工程量计算书

序号	计算部位	项目名称	计算公式	单位	工程数量
一	总电箱 AL1				
1	进户	埋地钢管 SC50	1.5+(0.7+1.8)↑	m	4.00
2	WL-1	SC20(A)	5.78+2.36+(1.8+0.1)↓+(1.6+0.1)↑	m	11.74
3		BV-6	(A+1.6+1.4)*3	m	44.22
4	WL-2	SC20(A)	6.19+2.31+(1.8+0.1)↓+(1.6+0.1)↑	m	12.10
5		BV-6	(A+1.6+1.4)*3	m	45.30
6	WL-3	SC20(A)	20.29+2.52+(1.8+0.1)↓+(1.6+0.1)↑	m	26.41
7		BV-6	(A+1.6+1.4)*3	m	88.23
8	WL-4	SC20(A)	20.67+2.44+(1.8+0.1)↓+(1.6+0.1)↑	m	26.71
9		BV-6	(A+1.6+1.4)*3	m	89.13
10	WL-5	PVC20(A)	0.62+(1.8+0.1)↓+(0.3+0.1)↑	m	2.92
11		BV-2.5	(A+1.6+0.6)*3	m	15.36
二	配电箱 1AL1				
12	W1	3 根线(A)	2.7+3.45+3.72+3.6+1.54+1.41+(3.6−1.6)↑+(3.6−1.3)↓	m	20.72
13		4 根线(B)	2.86+2.86	m	5.72
14		2 根线(C)	2.12+2.18+2.42+(3.6−1.3)*3↑	m	13.62
15		PVC20	A+B	m	26.44
16		PVC16	C	m	13.62
17		BV-2.5	(A+1.4)*3+B*4+C*2	m	116.48
18	W2	3 根线(A)	6.62+1.39+3.74+1.41+(3.6−1.6)↑+(3.6−1.3)*2↓	m	19.76
19		4 根线(B)	1.71+3.03+1.44+(7.2−1.3)↑	m	6.18
20		PVC20	A+B	m	31.84
21		BV-2.5	(A+1.4)*3+B*4	m	111.80

续表

序号	计算部位	项目名称	计算公式	单位	工程数量
22	W3	3根线(A)	2.62+2.09+2.88+3.51*2+(7.2−1.6)↑+(3.6−1.3)↓	m	22.51
23		PVC20	A	m	22.51
24		BV-2.5	(A+1.4)*3	m	71.73
25	W4	PVC20(A)	2.38+4.12+3.66+3.74+7.15+(1.6+0.1)↓+(0.3+0.1)*9↑	m	26.35
26		BV-2.5	(A+1.4)*3	m	83.25
27	W5	PVC20(A)	7.11+1.8+(3.6−1.6)↑+(3.6−1.4)*2↓+(3.6−1.8)↑	m	17.11
28		BV-2.5	(A+1.4)*3	m	55.53
29	W6	PVC20(A)	2.04+(3.6−1.6)↑+(3.6−2.0)↓	m	5.64
30		BV-2.5	(A+1.4)*3	m	21.12
31	W7	PVC20(A)	2.01+3.94+3.97+3.56+3.84+3.83+(3.6−1.6)↑+(0.3+0.1)*11↑	m	27.55
32		BV-2.5	(A+1.4)*3	m	86.85
33	W8	PVC20(A)	2.11+(3.6−1.6)↑+2.0↑	m	6.11
34		BV-2.5	(A+1.4)*3	m	22.53
三	配电箱1AL3		1AL3同1AL1的工程量	m	
四	配电箱1AL4				
35	W1	3根线(A)	2.74+3.7+3.45+3.62+1.53+1.39+(3.6−1.6)↑+(3.6−1.3)↓	m	20.73
36		4根线(B)	2.86+2.86	m	5.72
37		2根线(C)	2.26+2.22+2.42+(3.6−1.3)*3↓	m	13.80
38		PVC20	A+B	m	26.45
39		PVC16	C	m	13.80
40		BV-2.5	(A+1.4)*3+B*4+C*2	m	116.87
41	W2	3根线(A)	6.47+1.41+3.71+1.41+(3.6−1.6)↑+(3.6−1.3)*2↓	m	19.60
42		4根线(B)	0.92+3.59+1.44+(7.2−1.3)↑	m	11.85
43		PVC20	A+B	m	31.45
44		BV-2.5	(A+1.4)*3+B*4	m	110.40
45	W3	3根线(A)	2.62+2.06+2.88+3.51*2+(7.2−1.6)↑+(3.6−1.3)↓	m	22.48
46		PVC20	A	m	22.48
47		BV-2.5	(A+1.4)*3	m	71.64
48	W4	PVC20(A)	2.44+3.83+3.85+3.74+7.15+(1.6+0.1)↓+(0.3+0.1)*9↑	m	26.31
49		BV-2.5	(A+1.4)*3	m	83.13

续表

序号	计算部位	项目名称	计算公式	单位	工程数量
50	W5	PVC20(A)	6.96+1.8+(3.6-1.6)↑+(3.6-1.4)*2↓+(3.6-1.8)↓	m	16.96
51		BV-2.5	(A+1.4)*3	m	55.08
52	W6	PVC20(A)	2.01+(3.6-1.6)↑+(3.6-2.0)↓	m	5.61
53		BV-2.5	(A+1.4)*3	m	21.03
54	W7	PVC20(A)	2.08+4.02+3.82+3.56+3.87+3.86+(3.6-1.6)↑+(0.3+0.1)*11↑	m	27.61
55		BV-2.5	(A+1.4)*3	m	87.03
56	W8	PVC20(A)	2.14+(3.6-1.6)↑+2.0↑	m	6.14
57		BV-2.5	(A+1.4)*3	m	22.62
五	配电箱1AL2		1AL2同1AL4的工程量		

表3-6 强电工程量汇总表

序号	计算部位	项目名称	计算公式	单位	工程数量
一	管线工程量汇总				
1	管道	SC50	4.00	m	4.00
2		SC20	11.74+12.1+26.41+26.71	m	76.96
3		PVC20	2.92+(26.44+31.84+22.51+26.35+17.11+5.64+27.55+6.11+26.45+31.45+22.48+26.31+16.96+5.61+27.61+6.14)*2	m	656.04
4		PVC16	(13.62+13.8)*2	m	54.84
5	电线	BV-6	44.22+45.3+88.23+89.13	m	266.88
6		BV-2.5	15.36+(116.48+111.8+71.73+83.25+55.53+21.12+86.85+22.53+116.87+110.40+71.64+83.13+55.08+21.03+87.03+22.62)*2	m	2289.54
二	设备工程量统计(开关插座灯具等)				
7	AL1(总电箱)	800mm×800mm×180mm	1	只	1.00
8	1AL1～4(照明配电箱)	PZ30[600mm×800mm×180mm]	4	只	4.00
9	防水灯	防水吸顶灯;18W	4	套	4.00
10	吸顶灯	节能吸顶灯;18W	8	套	8.00
11	双管荧光灯	T5;2×28W	32	套	32.00
12	单联单控开关	86K11-10	12	只	12.00
13	双联单控开关	86K21-10	8	只	8.00

续表

序号	计算部位	项目名称	计算公式	单位	工程数量
14	单联双控开关	86K12-10	8	只	8.00
15	排风扇		4	个	4.00
16	单相五眼插座(防护型)	86Z223A10	44	只	44.00
17	单相三眼带开关插座(壁式空调)	86Z13KA16	8	只	8.00
18	单相五眼防水插座(卫生间)	86Z223FAK11-10	4	只	4.00
19	单相三眼防水带开关插座(卫生间)	86Z13FAK11-10	4	只	4.00

3. 弱电及防雷接地工程量计算（表 3-7、表 3-8）

表 3-7 弱电及防雷接地工程量计算书

序号	计算部位	项目名称	计算公式	单位	工程数量
一	弱电系统				
1	弱电总箱 DT				
1.1	进户管	SC25	1.5【出外墙】*2 根+(0.7+0.3)*2 根↑	m	5.00
1.2	至 DMT(1# 商铺)	PVC25	6.08+1.51+(0.3+0.1)*2↓	m	8.39
1.3	至 DMT(2# 商铺)	PVC25	6.51+1.34+(0.3+0.1)*2↓	m	8.65
1.4	至 DMT(3# 商铺)	PVC25	20.49+1.65+(0.3+0.1)*2↓	m	22.94
1.5	至 DMT(4# 商铺)	PVC25	20.87+1.51+(0.3+0.1)*2↓	m	23.18
2	DMT(1# 商铺)				
2.1	TP	PVC20	2.15+(0.3+0.1)↓+(0.3+0.1)↑+3.6↑	m	6.55
2.2	TV	PVC20	1.83+(0.3+0.1)↓+(0.3+0.1)↑+3.6↑	m	6.23
3	DMT(2#～4# 商铺)		DMT(2#～4# 商铺)同 1# 商铺		
二	防雷接地系统				
1	避雷网(女儿墙上)	热镀锌扁钢－25*4	(28.87*2+10.07*2)*1.039	m	80.92
2	避雷网(屋面内)	热镀锌扁钢－25*4	(10.07+1.05*2↓)*1.039	m	12.64
3	引下线	2 根 ϕ16 柱内主筋	(8.25+1.0)*10↓	m	92.50

续表

序号	计算部位	项目名称	计算公式	单位	工程数量
4	主接地线	热镀锌扁钢－40＊4	(28.87＊2＋10.02＊2)＊1.039	m	80.81
5		接地网至MEB	(0.23＋1.3↓)＊1.039	m	1.59
6		MEB至AL1	(0.63＋0.4↓＋1.9↑)＊1.039	m	3.04
7		MEB至接DT	(1.23＋0.4↓＋0.4↑)＊1.039	m	2.11
8		接地网至接LEB	(1.35＋1.3↑)＊1.039＊4	m	11.01
9		接地网至接DMT	(0.78＋0.4↓＋0.4↑)＊1.039＊4	m	6.57

表3-8 弱电及防雷接地工程量汇总表

序号	计算部位	项目名称	计算公式	单位	工程数量
一	弱电管线工程量汇总				
1	管道	SC25	5.00	m	5.00
2		PVC25	8.39＋8.65＋22.94＋23.18	m	63.16
3		PVC20	(6.55＋6.23＋6.55＋6.23)＊2	m	51.12
二	设备工程量统计(开关插座灯具等)				
4	DT(弱电总箱)	350＊250＊120	1	只	1
5	DMT(弱电户箱)	340＊240＊120	4	只	4
6	TV(电视插座出线盒)	86ZD	8	只	8
7	TP(电话插座出线盒)	86ZP	8	只	8
三	防雷接地工程量汇总				
8	热镀锌扁钢－25＊4	沿折板	80.92	m	80.92
9	热镀锌扁钢－25＊4	沿混凝土块	12.64	m	12.64
10		引下线	92.50	m	92.50
11		热镀锌扁钢－40＊4	80.81＋1.59＋3.04＋2.11＋11.01＋6.57	m	105.13
12	测试点			个	4
13	MEB			个	1
14	LEB			个	4
15	柱主筋与圈梁钢筋焊接		10＊2(引下线)	处	20

二、工程预算书

预算书封面见图 3-16，工程预算书相关表格见表 3-9～表 3-17。

预 算 总 价

招　标　人：

工 程 名 称：　　××商铺——水电安装工程预算

预算总价（小写）：　　116687.35 元

（大写）：　　壹拾壹万陆仟陆佰捌拾柒元叁角伍分

编制单位：

法定代表人
或其授权人：

编　制　人：

编 制 日 期：

图 3-16　预算书封面

表3-9 单位工程费用汇总表

序号	项目内容	金额/元	其中：暂估价/元
1	分部分项工程量清单	98002.16	27444.94
1.1	人工费	21429.03	
1.2	材料费	6579.55	27444.94
1.3	施工机具使用费	1154.4	
1.4	未计价材料费	57288.42	
1.5	企业管理费	8548.31	
1.6	利润	3002.49	
2	措施项目	4139.06	
2.1	单价措施项目费	1067.89	
2.2	总价措施项目费	3071.17	
2.2.1	安全文明施工费	1783.26	
3	其他项目		
3.1	其中：暂列金额		
3.2	其中：专业工程暂估价		
3.3	其中：计日工		
3.4	其中：总承包服务费		
4	规费	2982.52	
5	税金	11563.61	
6	工程总价=[1]+[2]+[3]+[4]-(甲供材料费+甲供设备费)/1.01+[5]	116687.35	27444.94

表3-10 分部分项工程量清单

序号	项目编码	项目名称	计量单位	工程数量	金额/元		
					综合单价	合价	其中：暂估价
一		给水系统				2328.26	
1	031001006001	塑料管【室内；给水；PPR管 d_e25；1.25MPa；热熔连接；管道消毒冲洗】	m	47.28	27.66	1307.76	
2	031001006002	塑料管【室内；给水；PPR管 d_e20；1.25MPa；热熔连接；管道消毒冲洗】	m	5.36	24.07	129.02	
3	031003013001	水表【水表；*DN*20；螺纹连接；(含表前阀)】	组	4	147.99	591.96	
4	031003001001	螺纹阀门【PPR截止阀 *DN*20】	个	4	74.88	299.52	
二		排水系统				7337.35	5243.32
5	031001006003	塑料管【室内；UPVC排水管；*DN*100；零件粘接】	m	13.84	69.8	966.03	
6	031001006004	塑料管【室内；UPVC排水管；*DN*50；零件粘接】	m	13.24	32.48	430.04	
7	031004014001	给、排水附(配)件【地漏 *DN*50】	个	4	27.95	111.8	

续表

序号	项目编码	项目名称	计量单位	工程数量	金额/元		
					综合单价	合价	其中：暂估价
8	031004006001	大便器【坐便器】	组	4	818.1	3272.4	2948.6
9	031004003001	洗脸盆【洗脸盆；单冷水】	组	4	639.27	2557.08	2294.72
	三	雨水、冷凝水系统				3237.36	
10	031001006005	塑料管【室内；UPVC 雨水管；*DN*100；零件粘接】	m	49.5	44.84	2219.58	
11	031001006006	塑料管【室内；UPVC 冷凝水管；*DN*50；零件粘接】	m	13.56	20.9	283.4	
12	031004014002	给、排水附(配)件【铸铁水斗 ϕ100】	个	6	113.08	678.48	
13	031004014003	给、排水附(配)件【地漏 *DN*50】	个	2	27.95	55.9	
	四	消火栓系统				37014.43	8596.8
14	031001001001	镀锌钢管【室内；给水；热镀锌钢管；*DN*100；丝扣连接；管道消毒及冲洗】	m	107.36	111.32	11951.32	
15	031001001002	镀锌钢管【室内；给水；热镀锌钢管；*DN*65；丝扣连接；管道消毒及冲洗】	m	6.4	79.96	511.74	
16	031202002001	管道防腐蚀【埋地管道；环氧煤沥青防腐三油两布】	m²	12.805	58.95	754.85	
17	031201001001	管道刷油【明敷管道；樟丹两道，红色调和漆两道】	m²	25.19	15.6	392.96	
18	031002001001	管道支吊架【支架制作安装】	kg	36.8	14.43	531.02	
19	031201003001	金属结构刷油【手工除轻锈；防锈漆两遍；调和漆两遍】	kg	36.8	2.2	80.96	
20	031003003001	焊接法兰阀门【闸阀；*DN*100；Z41H-16】	个	4	1541.62	6166.48	
21	031003003002	焊接法兰阀门【蜗轮蝶阀；*DN*100；D371X-16】	个	5	783.38	3916.9	
22	031003001002	螺纹阀门【微量排气阀；*DN*25；ARSX-PN16；截止阀；*DN*25】	个	4	478.86	1915.44	
23	030901010001	室内消火栓【成套消火栓箱 1000mm×700mm×180mm；单栓；带软管卷盘；配 MF/ABC3 灭火器两只】	套	8	1217.47	9739.76	8596.8
24	031002003001	套管【穿墙套管；*DN*150】	个	15	70.2	1053	
	五	强电系统				34636.08	12075.14
25	030404017001	配电箱【配电箱 AL1；墙上暗装；无端子接线】	台	1	1771.62	1771.62	1500
26	030404017002	配电箱【配电箱 1AL1～4；墙上暗装；无端子接线】	台	4	1407.9	5631.6	4400
27	030411001001	配管【镀锌钢管；SC50；砖、混结构暗配】	m	4	45.79	183.16	
28	030411001002	配管【镀锌钢管；SC20；砖、混结构暗配】	m	76.96	17.6	1354.5	
29	030411001003	配管【刚性阻燃管；PVC20；砖、混结构暗配】	m	656.04	10.29	6750.65	

续表

序号	项目编码	项目名称	计量单位	工程数量	金额/元		
					综合单价	合价	其中：暂估价
30	030411001004	配管【刚性阻燃管；PVC16；砖、混结构暗配】	m	54.84	8.92	489.17	
31	030411004001	配线【管内穿线；BV-6】	m	266.88	5.26	1403.79	
32	030411004002	配线【管内穿线；BV-2.5】	m	2289.54	3.29	7532.59	
33	030412001001	普通灯具【防水节能吸顶灯；18W】	套	4	88.27	353.08	262.6
34	030412001002	普通灯具【节能吸顶灯；18W】	套	8	78.17	625.36	444.4
35	030412005001	荧光灯【双管荧光灯 T5；2×28W】	套	32	169.63	5428.16	3878.4
36	030404034001	照明开关【单联单控开关；A86K11-10】	个	12	12.54	150.48	70.99
37	030404034002	照明开关【双联单控开关；A86K21-10】	个	8	17	136	79.72
38	030404034003	照明开关【单联双控开关；A86K12-10】	个	8	16.38	131.04	60.63
39	030404033001	风扇【卫生间换气扇；吸顶】	台	4	195.16	780.64	720
40	030404035001	插座【单相五眼插座；A86Z223A10】	个	44	18.87	830.28	427.26
41	030404035002	插座【单相五眼插座防溅型带开关；A86Z223FAK11-10】	个	4	29.13	116.52	79.89
42	030404035003	插座【单相三眼插座防溅型带开关；A86Z13FAK11-10】	个	4	25.78	103.12	64.02
43	030404035004	插座【单相三眼插座带开关；A86Z13AK16；壁挂空调插】	个	8	20.68	165.44	87.23
44	030411006001	接线盒【接线盒安装；暗装】	个	48	5.1	244.8	
45	030411006002	接线盒【开关盒安装；暗装】	个	88	5.16	454.08	
	六	防雷接地				10082.2	325.2
46	030409002001	接地母线【户内接地母线；－40×4 热镀锌扁钢】	m	105.13	23.28	2447.43	
47	030409005001	避雷网【避雷网；沿折板支架敷设；－25×4 热镀锌扁钢】	m	80.92	43.53	3522.45	
48	030409005002	避雷网【避雷网；屋面层内暗敷；－25×4 热镀锌扁钢】	m	12.64	16.39	207.17	
49	030409003001	避雷引下线【避雷引下线利用建筑物 2 根主筋引下；柱主筋与圈梁钢筋焊接】	m	92.5	27.7	2562.25	
50	030409008001	等电位端子箱、测试板【断接卡子制作、安装；测试盒及盖板】	台	4	86.38	345.52	122.4
51	030409008002	等电位端子箱、测试板【总等电位箱 MEB】	台	1	232.25	232.25	60
52	030409008003	等电位端子箱、测试板【分等电位箱 LEB】	台	4	47.82	191.28	142.8
53	040807003001	接地装置调试【接地网调试】	系统	1	573.85	573.85	
	七	弱电				3366.48	1204.48
54	030411001005	配管【镀锌钢管；SC25；砖、混结构暗配】	m	5	23.92	119.6	

续表

序号	项目编码	项目名称	计量单位	工程数量	金额/元		
					综合单价	合价	其中：暂估价
55	030411001006	配管【刚性阻燃管;PVC25;砖、混结构暗配】	m	63.16	12.44	785.71	
56	030411001007	配管【刚性阻燃管;PVC20;砖、混结构暗配】	m	51.12	10.29	526.02	
57	030404017003	配电箱【总弱电箱 DT;墙上暗装】	台	1	403.19	403.19	300
58	030404017004	配电箱【弱电综合箱 DMT;墙上暗装】	台	4	323.19	1292.76	880
59	030411006003	接线盒【开关盒安装;暗装;白盖板】	个	16	14.95	239.2	24.48
合　计						98002.16	

表 3-11　单价措施项目清单

序号	项目编码	项目名称	计量单位	工程数量	金额/元		
					综合单价	合价	其中:暂估价
1	031301017001	脚手架搭拆	项	1	1067.89	1067.89	
合　计						1067.89	

表 3-12　单价措施项目清单综合单价分析表

序号	项目编码	项目名称	计量单位	工程数量	综合单价/元							项目合价/元
					人工费	材料费	机械费	主材费	管理费	利润	小计	
1	031301017001	脚手架搭拆	项	1	235.25	705.61			94.1	32.93	1067.89	1067.89
2	@	第 4 册脚手架搭拆费	元	1	136.1	408.27			54.44	19.05	617.86	617.86
3	@	第 7 册脚手架搭拆费	元	1	0.3	0.89			0.12	0.04	1.35	1.35
4	@	第 9 册脚手架搭拆费	元	1	8.7	26.08			3.48	1.22	39.48	39.48
5	@	第 10 册脚手架搭拆费	元	1	81.96	245.8			32.78	11.47	372.01	372.01
6	@	第 11 册脚手架搭拆费	元	1	8.19	24.57			3.28	1.15	37.19	37.19
合　计												1067.89

表 3-13　总价措施项目清单与计价表

序号	项目编码	项目名称	计算基础	费率/%	金额/元	备注
1	031302001001	安全文明施工		100	1783.26	
	1	基本费	分部分项工程费＋单价措施项目费－工程设备费	1.5	1486.05	
	2	省级标化增加费	分部分项工程费＋单价措施项目费－工程设备费	0.3	297.21	
2	031302002001	夜间施工	分部分项工程费＋单价措施项目费－工程设备费	0		
3	031302003001	非夜间施工	分部分项工程费＋单价措施项目费－工程设备费	0		
4	031302005001	冬雨季施工	分部分项工程费＋单价措施项目费－工程设备费	0		
5	031302006001	已完工程及设备保护	分部分项工程费＋单价措施项目费－工程设备费	0		
6	031302008001	临时设施	分部分项工程费＋单价措施项目费－工程设备费	1.3	1287.91	
7	031302009001	赶工措施	分部分项工程费＋单价措施项目费－工程设备费	0		
8	031302010001	工程按质论价	分部分项工程费＋单价措施项目费－工程设备费	0		
9	031302011001	住宅分户验收	分部分项工程费＋单价措施项目费－工程设备费	0		
合　计					3071.17	

表3-14　规费、税金项目计价表

序号	项目名称	计算基础	计算基数	计算费率/%	金额/元
1	规费	[1.1]+[1.2]+[1.3]	2982.52	100	2982.52
1.1	社会保险费	分部分项工程费+措施项目费+其他项目费－工程设备费	102141.22	2.4	2451.39
1.2	住房公积金	分部分项工程费+措施项目费+其他项目费－工程设备费	102141.22	0.42	428.99
1.3	工程排污费	分部分项工程费+措施项目费+其他项目费－工程设备费	102141.22	0.1	102.14
2	税金	分部分项工程费+措施项目费+其他项目费+规费－(甲供材料费+甲供设备费)/1.01	105123.74	11	11563.61
合　计					14546.13

表3-15　材料暂估单价材料表

序号	材料(工程设备)名称	规格型号	单位	数量	暂估单价/元	合价/元
1	金属软管		个	8.04	15	120.6
2	角阀		个	8.08	18	145.44
3	洗面盆		套	4.04	380	1535.2
4	连体坐便器		套	4.04	650	2626
5	立式水嘴 *DN*15		个	4.04	120	484.8
6	洗脸盆下水口(铜)		个	4.04	35	141.4
7	坐便器桶盖		个	4.04	25	101
8	连体排水口配件		套	4.04	10	40.4
9	连体进水阀配件		套	4.04	12	48.48
10	灭火器;MF/ABC3	放置式	个	16	72.42	1158.72
11	成套消火栓箱1000mm×700mm×180mm;单栓;带软管卷盘		套	8	929.76	7438.08
12	防水吸顶灯;18W		套	4.04	65	262.6
13	节能吸顶灯;18W		套	8.08	55	444.4
14	双管荧光灯T5;2×28W		套	32.32	120	3878.4
15	单联单控开关;A86K11-10		只	12.24	5.8	70.99
16	双联单控开关;A86K21-10		只	8.16	9.77	79.72
17	单联双控开关;A86K12-10		只	8.16	7.43	60.63
18	不锈钢白面板		个	4.08	30	122.4
19	接线盒面板		个	16.32	1.5	24.48
20	单相五眼插座;A86Z223A10		套	44.88	9.52	427.26
21	单相五眼插座防溅型带开关;A86Z223FAK11-10		套	4.08	19.58	79.89
22	单相三眼插座防溅型带开关;A86Z13FAK11-10		套	4.08	15.69	64.02
23	A86Z13AK16;壁挂空调插		套	8.16	10.69	87.23
24	分等电位箱LEB		个	4.08	35	142.8
25	总等电位箱MEB		个	1	60	60
26	总弱电箱DT		个	1	300	300

续表

序号	材料(工程设备)名称	规格型号	单位	数量	暂估单价/元	合价/元
27	弱电综合箱 DMT		个	4	220	880
28	配电箱 AL1		台	1	1500	1500
29	配电箱 1AL1～4		台	4	1100	4400
30	卫生间通风器		台	4	180	720
	合　计					27444.94

表 3-16　主要材料价格表

序号	材料名称	规格型号	单位	单价/元	数量	合价/元	备注
1	PPR 20/25 管件		只	2.75	54.467	149.78	
2	PPR 15/20 管件		只	1.38	8.774	12.11	
3	型钢		kg	3.7	39.008	144.33	
4	醇酸防锈漆 C53-1		kg	13.5	6.9776	94.2	
5	酚醛防锈漆		kg	13.5	0.6256	8.45	
6	环氧煤沥青面漆		kg	20	10.248	204.96	
7	调和漆		kg	12	5.5396	66.48	
8	镀锌钢管	20mm	m	8.14	79.31	645.58	
9	镀锌钢管	25mm	m	11.9	5.15	61.29	
10	镀锌钢管	50mm	m	24.08	4.12	99.21	
11	热镀锌钢管 *DN*65		m	32.7	6.528	213.47	
12	热镀锌钢管 *DN*100		m	53.3	109.5072	5836.73	
13	金属软管		个	15	8.04	120.6	
14	承插塑料排水管 d_n50		m	7.53	26.1461	196.88	
15	承插塑料排水管 d_n110		m	23.32	58.8662	1372.76	
16	PPR 冷水管;d_e25;1.25MPa	20/25	m	8.88	48.2256	428.24	
17	PPR 冷水管;d_e20;1.25MPa	15/20	m	6.25	5.4672	34.17	
18	承插塑料排水管件 d_n50		个	5.27	18.0716	95.24	
19	承插塑料排水管件 d_n110		个	16.32	34.8074	568.06	
20	微量排气阀;*DN*25;ARSX-PN16		个	337.88	4	1351.52	
21	闸阀;*DN*100;Z41H-16		个	1296.04	4	5184.16	
22	蜗轮蝶阀;*DN*100;D371X-16		个	537.8	5	2689	
23	PPR 截止阀 *DN*20		个	56.52	4.04	228.34	
24	截止阀 *DN*25		个	73.51	4.04	296.98	
25	角阀		个	18	8.08	145.44	
26	洗面盆		套	380	4.04	1535.2	
27	连体坐便器		套	650	4.04	2626	
28	立式水嘴 *DN*15		个	120	4.04	484.8	
29	地漏 *DN*50		个	6.5	6	39	
30	洗脸盆下水口(铜)		个	35	4.04	141.4	

续表

序号	材料名称	规格型号	单位	单价/元	数量	合价/元	备注
31	坐便器桶盖		个	25	4.04	101	
32	连体排水口配件		套	10	4.04	40.4	
33	连体进水阀配件		套	12	4.04	48.48	
34	灭火器;MF/ABC3	放置式	个	72.42	16	1158.72	
35	成套消火栓箱 1000mm×700mm×180mm;单栓;带软管卷盘		套	929.76	8	7438.08	
36	水表;*DN*20		只	82.62	4	330.48	
37	防水吸顶灯;18W		套	65	4.04	262.6	
38	节能吸顶灯;18W		套	55	8.08	444.4	
39	双管荧光灯 T5;2×28W		套	120	32.32	3878.4	
40	单联单控开关;A86K11-10		只	5.8	12.24	70.99	
41	双联单控开关;A86K21-10		只	9.77	8.16	79.72	
42	单联双控开关;A86K12-10		只	7.43	8.16	60.63	
43	不锈钢白面板		个	30	4.08	122.4	
44	接线盒面板		个	1.5	16.32	24.48	
45	单相五眼插座;A86Z223A10		套	9.52	44.88	427.26	
46	单相五眼插座防溅型带开关;A86Z223FAK11-10		套	19.58	4.08	79.89	
47	单相三眼插座防溅型带开关;A86Z13FAK11-10		套	15.69	4.08	64.02	
48	A86Z13AK16;壁挂空调插		套	10.69	8.16	87.23	
49	BV-2.5		m	1.87	2655.82	4966.38	
50	BV-6		m	4.14	280.245	1160.21	
51	刚性阻燃管	15mm	m	1.66	60.28	100.06	
52	刚性阻燃管	20mm	m	2.38	777.81	1851.19	
53	刚性阻燃管	25mm	m	3.47	69.52	241.23	
54	分等电位箱 LEB		个	35	4.08	142.8	
55	总等电位箱 MEB		个	60	1	60	
56	接线盒		只	1.38	155.04	213.96	
57	测试盒		只	3.5	4.08	14.28	
58	总弱电箱 DT		个	300	1	300	
59	弱电综合箱 DMT		个	220	4	880	
60	配电箱 AL1		台	1500	1	1500	
61	配电箱 1AL1～4		台	1100	4	4400	
62	－25×4 热镀锌扁钢		m	3.88	97.0827	376.68	
63	－40×4 热镀锌扁钢		m	6.27	107.548	674.33	
64	－25×4 热镀锌扁钢		m	3.88	13.272	51.5	
65	卫生间通风器		台	180	4	720	
合计						57446.18	

表 3-17 分部分项工程量清单综合单价分析表

序号	项目编码	项目名称	计量单位	工程数量	综合单价/元							项目合价/元
					人工费	材料费	机械费	主材费	管理费	利润	小计	
1	1	给水系统										2328.26
2	031001006001	塑料管【室内；给水；PPR 管 d_e25；1.25MPa；热熔连接；管道消毒冲洗】	m	47.28	8.93	4.8	0.05	9.06	3.57	1.25	27.66	1307.76
3	C10-234	室内给水塑料管（热熔、电熔连接）20/25	10m	0.1	85.28	14.01	0.54	90.58	34.11	11.94	236.46	23.65
4	独立费	PPR 20/25 管件(数量按室内镀锌钢管定额含量)	只	1.152		2.75					2.75	3.17
5	C10-371	管道消毒、冲洗 DN50 以内	100m	0.01	40.18	23.16			16.07	5.63	85.04	0.85
6	031001006002	塑料管【室内；给水；PPR 管 d_e20；1.25MPa；热熔连接；管道消毒冲洗】	m	5.36	8.93	3.89	0.05	6.38	3.57	1.25	24.07	129.02
7	C10-233	室内给水塑料管（热熔、电熔连接）15/20	10m	0.1	85.28	14.04	0.54	63.75	34.11	11.94	209.66	20.97
8	独立费	PPR 15/20 管件(数量按室内镀锌钢管定额含量)	只	1.637		1.38					1.38	2.26
9	C10-371	管道消毒、冲洗 DN50 以内	100m	0.01	40.18	23.16			16.07	5.63	85.04	0.86
10	031003013001	水表【水表；DN20；螺纹连接；(含表前阀)】	组	4	31.16	17.39		82.62	12.46	4.36	147.99	591.96
11	C10-627	螺纹水表安装；DN20 以内	组	1	31.16	17.39		82.62	12.46	4.36	147.99	147.99
12	031003001001	螺纹阀门【PPR 截止阀；DN20】	个	4	8.2	5.16		57.09	3.28	1.15	74.88	299.52
13	C10-419	PPR 截止阀；DN20	个	1	8.2	5.16		57.09	3.28	1.15	74.88	74.88
14	2	排水系统										7337.35
15	031001006003	塑料管【室内；UPVC 排水管；DN100；零件粘接】	m	13.84	18.04	3.45	0.12	38.44	7.22	2.53	69.8	966.03
16	C10-311	室内承插塑料排水管 PVC-U 100	10m	0.1	180.4	34.45	1.21	384.41	72.16	25.26	697.89	69.79

续表

序号	项目编码	项目名称	计量单位	工程数量	综合单价/元							项目合价/元
					人工费	材料费	机械费	主材费	管理费	利润	小计	
17	031001006004	塑料管【室内；UPVC 排水管；*DN*50；零件粘接】	m	13.24	11.89	2	0.12	12.04	4.76	1.67	32.48	430.04
18	C10-309	室内承插塑料排水管 PVC-U 50	10m	0.1	118.9	20.02	1.21	120.36	47.56	16.65	324.7	32.47
19	031004014001	给、排水附(配)件【地漏 *DN*50】	个	4	12.46	2.25		6.5	4.99	1.75	27.95	111.8
20	C10-749	地漏 *DN*50	10 个	0.1	124.64	22.5		65	49.86	17.45	279.45	27.95
21	031004006001	大便器【坐便器】	组	4	47.31	8.09		737.15	18.93	6.62	818.1	3272.4
22	C10-705	连体水箱坐便器安装	10 套	0.1	473.14	80.88		7371.5	189.26	66.24	8181.02	818.1
23	031004003001	洗脸盆【洗脸盆；单冷水】	组	4	36.82	8.88		573.68	14.73	5.16	639.27	2557.08
24	C10-671	洗脸盆安装　冷水	10 组	0.1	368.18	88.76		5736.8	147.27	51.55	6392.56	639.26
25	3	雨水、冷凝水系统										3237.36
26	031001006005	塑料管【室内；UPVC 雨水管；*DN*100；零件粘接】	m	49.5	8.61	3	0.12	28.46	3.44	1.21	44.84	2219.58
27	C10-320	承插塑料空调凝结水管、雨水管(零件粘接)*DN*110	10m	0.1	86.1	30.03	1.21	284.6	34.44	12.05	448.43	44.84
28	031001006006	塑料管【室内；UPVC 冷凝水管；*DN*50；零件粘接】	m	13.56	5.99	1.77	0.12	9.79	2.39	0.84	20.9	283.4
29	C10-318	承插塑料空调凝结水管、雨水管(零件粘接)*DN*50	10m	0.1	59.86	17.66	1.21	97.92	23.94	8.38	208.97	20.9
30	031004014002	给、排水附(配)件【铸铁水斗 ϕ100】	个	6	19.24	85.49	0.75		5.2	2.4	113.08	678.48
31	A10-216	铸铁水斗 ϕ100	10 只	0.1	192.42	854.94	7.46		51.97	23.99	1130.78	113.08
32	031004014003	给、排水附(配)件【地漏 *DN*50】	个	2	12.46	2.25		6.5	4.99	1.75	27.95	55.9
33	C10-749	地漏 *DN*50	10 个	0.1	124.64	22.5		65	49.86	17.45	279.45	27.95
34	4	消火栓系统										37014.43
35	031001001001	镀锌钢管【室内；给水；热镀锌钢管；*DN*100；丝扣连接；管道消毒及冲洗】	m	107.36	28.74	10.62	2.08	54.37	11.49	4.02	111.32	11951.32

续表

序号	项目编码	项目名称	计量单位	工程数量	综合单价/元							项目合价/元
					人工费	材料费	机械费	主材费	管理费	利润	小计	
36	C10-167	室内镀锌钢管(螺纹连接)*DN*100 以内	10m	0.1	282.08	102.54	20.78	543.66	112.83	39.49	1101.38	110.14
37	C10-372	管道消毒、冲洗 *DN*100 以内	100m	0.01	53.3	37.04			21.32	7.46	119.12	1.19
38	031001001002	镀锌钢管【室内；给水；热镀锌钢管；*DN*65；丝扣连接；管道消毒及冲洗】	m	6.4	23.98	9.35	0.34	33.35	9.59	3.35	79.96	511.74
39	C10-165	室内镀锌钢管(螺纹连接)*DN*65 以内	10m	0.1	234.52	89.81	3.38	333.54	93.81	32.83	787.89	78.79
40	C10-372	管道消毒、冲洗 *DN*100 以内	100m	0.01	53.3	37.04			21.32	7.46	119.12	1.19
41	031202002001	管道防腐蚀【埋地管道；环氧煤沥青防腐三油两布】	m^2	12.805	18.77	14.05		16	7.5	2.63	58.95	754.85
42	C11-326	环氧煤沥青防腐 一油	$10m^2$	0.1	25.55	8.32		56	10.22	3.58	103.67	10.37
43	C11-327×2	环氧煤沥青防腐 二布	$10m^2$	0.1	64.81	106.19			25.92	9.07	205.99	20.61
44	C11-328×2	玻璃布面刷环氧煤沥青 二油	$10m^2$	0.1	97.22	26		104	38.89	13.61	279.72	27.98
45	031201001001	管道刷油【明敷管道；樟丹二道，红色调和漆二道】	m^2	25.19	5.8	0.55		6.12	2.32	0.81	15.6	392.96
46	C11-51+52	管道刷红丹防锈漆 二遍	$10m^2$	0.1	28.66	4.22		37.4	11.46	4.01	85.75	8.58
47	C11-60+61	管道刷调和漆 二遍	$10m^2$	0.1	29.29	1.32		23.76	11.72	4.1	70.19	7.02
48	031002001001	管道支吊架【支架制作安装】	kg	36.8	4.67	0.98	2.35	3.92	1.86	0.65	14.43	531.02
49	C10-382	管道支架制作	100kg	0.01	195.98	72.3	180.71	392.2	78.39	27.44	947.02	9.47
50	C10-383	管道支架安装	100kg	0.01	270.6	25.73	53.87		108.24	37.88	496.32	4.96
51	031201003001	金属结构刷油【手工除轻锈；防锈漆两遍；调和漆两遍】	kg	36.8	0.87	0.09	0.37	0.41	0.35	0.11	2.2	80.96
52	C11-7	一般钢结构手工除锈 轻锈	100kg	0.01	23.78	2.07	7.47		9.51	3.33	46.16	0.46
53	C11-119+120	一般钢结构刷防锈漆 二遍	100kg	0.01	31.98	4.83	14.94	22.95	12.79	4.48	91.97	0.92
54	C11-126+127	一般钢结构刷调和漆 二遍	100kg	0.01	31.16	1.55	14.94	18	12.46	4.36	82.47	0.82

续表

序号	项目编码	项目名称	计量单位	工程数量	综合单价/元							项目合价/元
					人工费	材料费	机械费	主材费	管理费	利润	小计	
55	031003003001	焊接法兰阀门【闸阀;*DN*100;Z41H-16】	个	4	72.16	114.84	19.62	1296.04	28.86	10.1	1541.62	6166.48
56	C10-438	闸阀;*DN*100;Z41H-16	个	1	72.16	114.84	19.62	1296.04	28.86	10.1	1541.62	1541.62
57	031003003002	焊接法兰阀门【蜗轮蝶阀;*DN*100;D371X-16】	个	5	72.16	114.84	19.62	537.8	28.86	10.1	783.38	3916.9
58	C10-438	蜗轮蝶阀;*DN*100;D371X-16	个	1	72.16	114.84	19.62	537.8	28.86	10.1	783.38	783.38
59	031003001002	螺纹阀门【微量排气阀;*DN*25;ARSX-PN16;截止阀;*DN*25】	个	4	30.34	20.01		412.13	12.14	4.24	478.86	1915.44
60	C10-487	微量排气阀;*DN*25;ARSX-PN16	个	1	21.32	12.04		337.88	8.53	2.98	382.75	382.75
61	C10-420	截止阀 *DN*25	个	1	9.02	7.97		74.25	3.61	1.26	96.11	96.11
62	030901010001	室内消火栓【成套消火栓箱1000mm×700mm×180mm;单栓;带软管卷盘;配MF/ABC3灭火器两只】	套	8	86.92	8.63	0.38	1074.6	34.77	12.17	1217.47	9739.76
63	C9-53×1.2	成套消火栓箱1000mm×700mm×180mm;单栓;带软管卷盘	套	1	70.85	8.63	0.38	929.76	28.34	9.92	1047.88	1047.88
64	C9-75	灭火器;MF/ABC3	10具	0.2	80.36			724.2	32.14	11.25	847.95	169.59
65	031002003001	套管【穿墙套管;*DN*150】	个	15	28.04	25.22	1.79		11.22	3.93	70.2	1053
66	C10-400	过墙过楼板钢套管制作、安装 *DN*150以内	10个	0.1	280.44	252.17	17.85		112.18	39.26	701.9	70.19
67	5	强电系统										34636.08
68	030404017001	配电箱【配电箱AL1;墙上暗装;无端子接线】	台	1	139.97	56.07		1500	55.98	19.6	1771.62	1771.62
69	C4-268	配电箱AL1	台	1	113.16	34.41		1500	45.26	15.84	1708.67	1708.67
70	C4-412	无端子外部接线2.5mm²	10个	0.3	13.94	14.44			5.58	1.95	35.91	10.77
71	C4-413	无端子外部接线6mm²	10个	1.2	18.86	14.44			7.54	2.64	43.48	52.18

续表

序号	项目编码	项目名称	计量单位	工程数量	综合单价/元							项目合价/元
					人工费	材料费	机械费	主材费	管理费	利润	小计	
72	030404017002	配电箱【配电箱 1AL1～4;墙上暗装;无端子接线】	台	4	152.28	73.4		1100	60.91	21.31	1407.9	5631.6
73	C4-268	配电箱 1AL1～4	台	1	113.16	34.41		1100	45.26	15.84	1308.67	1308.67
74	C4-412	无端子外部接线 2.5mm^2	10 个	2.4	13.94	14.44			5.58	1.95	35.91	86.18
75	C4-413	无端子外部接线 6mm^2	10 个	0.3	18.86	14.44			7.54	2.64	43.48	13.04
76	030411001001	配管【镀锌钢管;SC50;砖、混结构暗配】	m	4	11.73	2.61	0.32	24.8	4.69	1.64	45.79	183.16
77	C4-1145	砖、混结构暗配钢管 *DN*50	100m	0.01	1173.42	261.2	31.62	2480.24	469.37	164.28	4580.13	45.8
78	030411001002	配管【镀锌钢管;SC20;砖、混结构暗配】	m	76.96	5.32	0.87	0.15	8.39	2.13	0.74	17.6	1354.5
79	C4-1141	砖、混结构暗配钢管 *DN*20	100m	0.01	531.36	86.46	15.1	838.42	212.54	74.39	1758.27	17.59
80	030411001003	配管【刚性阻燃管;PVC20;砖、混结构暗配】	m	656.04	4.63	0.54		2.62	1.85	0.65	10.29	6750.65
81	C4-1250	砖、混结构暗配刚性阻燃管 *DN*20	100m	0.01	463.3	53.88		261.8	185.32	64.86	1029.16	10.29
82	030411001004	配管【刚性阻燃管;PVC16;砖、混结构暗配】	m	54.84	4.26	0.54		1.82	1.7	0.6	8.92	489.17
83	C4-1249	砖、混结构暗配刚性阻燃管 *DN*15mm	100m	0.01	426.4	53.85		182.6	170.56	59.7	893.11	8.92
84	030411004001	配线【管内穿线;BV-6】	m	266.88	0.5	0.14		4.35	0.2	0.07	5.26	1403.79
85	C4-1387	管内穿动力线 铜芯 6mm^2	100m 单线	0.01	50.02	13.98		434.7	20.01	7	525.71	5.26
86	030411004002	配线【管内穿线;BV-2.5】	m	2289.54	0.63	0.15		2.17	0.25	0.09	3.29	7532.59
87	C4-1359	管内穿照明线 铜芯 2.5mm^2	100m 单线	0.01	63.14	14.64		216.92	25.26	8.84	328.8	3.29
88	030412001001	普通灯具【防水节能吸顶灯;18W】	套	4	13.53	1.79		65.65	5.41	1.89	88.27	353.08
89	C4-1557	安装半圆球吸顶灯 直径 250mm 以内	10 套	0.1	135.3	17.9		656.5	54.12	18.94	882.76	88.28
90	030412001002	普通灯具【节能吸顶灯;18W】	套	8	13.53	1.79		55.55	5.41	1.89	78.17	625.36
91	C4-1557	安装半圆球吸顶灯 直径 250mm 以内	10 套	0.1	135.3	17.9		555.5	54.12	18.94	781.76	78.18
92	030412005001	荧光灯【双管荧光灯 T5;2×28W】	套	32	24.19	11.17		121.2	9.68	3.39	169.63	5428.16

续表

序号	项目编码	项目名称	计量单位	工程数量	综合单价/元							项目合价/元
					人工费	材料费	机械费	主材费	管理费	利润	小计	
93	C4-1789	吸顶式双管荧光灯安装	10套	0.1	241.9	111.7		1212	96.76	33.87	1696.23	169.62
94	030404034001	照明开关【单联单控开关;A86K11-10】	个	12	4.05	0.38		5.92	1.62	0.57	12.54	150.48
95	C4-339	扳式暗开关(单控)单联	10套	0.1	40.51	3.82		59.16	16.2	5.67	125.36	12.54
96	030404034002	照明开关【双联单控开关;A86K21-10】	个	8	4.24	0.5		9.97	1.7	0.59	17	136
97	C4-340	扳式暗开关(单控)双联	10套	0.1	42.38	5.01		99.65	16.95	5.93	169.92	16.99
98	030404034003	照明开关【单联双控开关;A86K12-10】	个	8	5.33	0.59		7.58	2.13	0.75	16.38	131.04
99	C4-345	扳式暗开关(双控)单联	10套	0.1	53.3	5.9		75.79	21.32	7.46	163.77	16.38
100	030404033001	风扇【卫生间换气扇;吸顶】	台	4	9.84			180	3.94	1.38	195.16	780.64
101	C7-33	卫生间通风器安装	台	1	9.84			180	3.94	1.38	195.16	195.16
102	030404035001	插座【单相五眼插座;A86Z223A10】	个	44	5.24	1.1		9.71	2.09	0.73	18.87	830.28
103	C4-373	单相五眼插座;A86Z223A10	10套	0.1	52.35	10.96		97.1	20.94	7.33	188.68	18.87
104	030404035002	插座【单相五眼插座防溅型带开关;A86Z223FAK11-10】	个	4	5.24	1.1		19.97	2.09	0.73	29.13	116.52
105	C4-373	单相五眼插座防溅型带开关;A86Z223FAK11-10	10套	0.1	52.35	10.96		199.72	20.94	7.33	291.3	29.13
106	030404035003	插座【单相三眼插座防溅型带开关;A86Z13FAK11-10】	个	4	5.74	0.94		16	2.3	0.8	25.78	103.12
107	C4-371	单相三眼插座防溅型带开关;A86Z13FAK11-10	10套	0.1	57.4	9.39		160.04	22.96	8.04	257.83	25.78
108	030404035004	插座【单相三眼插座带开关;A86Z13AK16;壁挂空调插】	个	8	5.74	0.94		10.9	2.3	0.8	20.68	165.44
109	C4-371	A86Z13AK16;壁挂空调插	10套	0.1	57.4	9.39		109.04	22.96	8.04	206.83	20.68
110	030411006001	接线盒【接线盒安装;暗装】	个	48	2.12	0.42		1.41	0.85	0.3	5.1	244.8
111	C4-1545	暗装接线盒	10个	0.1	21.19	4.24		14.08	8.48	2.97	50.96	5.1

续表

序号	项目编码	项目名称	计量单位	工程数量	综合单价/元							项目合价/元
					人工费	材料费	机械费	主材费	管理费	利润	小计	
112	030411006002	接线盒【开关盒安装;暗装】	个	88	2.31	0.2		1.41	0.92	0.32	5.16	454.08
113	C4-1546	暗装开关盒	10个	0.1	23.06	1.95		14.08	9.22	3.23	51.54	5.15
114	6	防雷接地										10082.2
115	030409002001	接地母线【户内接地母线;−40×4热镀锌扁钢】	m	105.13	9.51	1.74	0.48	6.41	3.81	1.33	23.28	2447.43
116	C4-905	户内接地母线敷设	10m	0.1	95.12	17.42	4.79	64.14	38.05	13.32	232.84	23.28
117	030409005001	避雷网【避雷网;沿折板支架敷设;−25×4热镀锌扁钢】	m	80.92	22.41	3.06	1.31	4.65	8.96	3.14	43.53	3522.45
118	C4-919	避雷网安装沿折板支架敷设	10m	0.117	191.06	26.11	11.21	39.69	76.42	26.75	371.24	43.54
119	030409005002	避雷网【避雷网;屋面层内暗敷;−25×4热镀锌扁钢】	m	12.64	6.81	1.28	0.56	4.07	2.72	0.95	16.39	207.17
120	C4-918	避雷网安装沿混凝土块敷设	10m	0.1	68.06	12.79	5.63	40.74	27.22	9.53	163.97	16.4
121	030409003001	避雷引下线【避雷引下线利用建筑物2根主筋引下;柱主筋与圈梁钢筋焊接】	m	92.5	15	1.05	3.56		5.99	2.1	27.7	2562.25
122	C4-915	避雷引下线利用建筑物主筋引下	10m	0.1	100.86	4.56	27.16		40.34	14.12	187.04	18.7
123	C4-916	避雷引下线柱主筋与圈梁钢筋焊接	10处	0.022	227.14	27.25	38.82		90.86	31.8	415.87	8.99
124	030409008001	等电位端子箱、测试板【断接卡子制作、安装;测试盒及盖板】	台	4	30.67	4.79	0.18	34.17	12.27	4.3	86.38	345.52
125	C4-964	断接卡子制作、安装	10套	0.1	225.5	41.99	1.79		90.2	31.57	391.05	39.11
126	C4-1545	暗装接线盒	10个	0.1	27.88	5.44		35.7	11.15	3.9	84.07	8.41
127	C4-354	不锈钢白面板	10套	0.1	53.3	0.52		306	21.32	7.46	388.6	38.86
128	030409008002	等电位端子箱、测试板【总等电位箱MEB】	台	1	87.87	32.42	4.51	60	35.15	12.3	232.25	232.25
129	C4-963	总等电位联结端子箱	个	1	87.87	32.42	4.51	60	35.15	12.3	232.25	232.25

续表

序号	项目编码	项目名称	计量单位	工程数量	综合单价/元							项目合价/元
					人工费	材料费	机械费	主材费	管理费	利润	小计	
130	030409008003	等电位端子箱、测试板【分等电位箱LEB】	台	4	5.42	3.77		35.7	2.17	0.76	47.82	191.28
131	C4-962	分等电位联结端子箱	10个	0.1	54.22	37.65		357	21.69	7.59	478.15	47.82
132	040807003001	接地装置调试【接地网调试】	系统	1	310.08	3.99	92.34		124.03	43.41	573.85	573.85
133	C4-1858	接地网调试	系统	1	310.08	3.99	92.34		124.03	43.41	573.85	573.85
134	7	弱电										3366.48
135	030411001005	配管【镀锌钢管;SC25;砖、混结构暗配】	m	5	6.45	1.5	0.23	12.26	2.58	0.9	23.92	119.6
136	C4-1142	砖、混结构暗配钢管 *DN*25	100m	0.01	644.52	150.23	23.11	1225.7	257.81	90.23	2391.6	23.92
137	030411001006	配管【刚性阻燃管;PVC25;砖、混结构暗配】	m	63.16	4.95	1		3.82	1.98	0.69	12.44	785.71
138	C4-1251	砖、混结构暗配刚性阻燃管 *DN*25	100m	0.01	494.46	99.66		381.7	197.78	69.22	1242.82	12.44
139	030411001007	配管【刚性阻燃管;PVC20;砖、混结构暗配】	m	51.12	4.63	0.54		2.62	1.85	0.65	10.29	526.02
140	C4-1250	砖、混结构暗配刚性阻燃管 *DN*20	100m	0.01	463.3	53.88		261.8	185.32	64.86	1029.16	10.29
141	030404017003	配电箱【总弱电箱 DT;墙上暗装】	台	1	66.5	0.78		300	26.6	9.31	403.19	403.19
142	C4-1543	暗装接线箱(半周长 700mm 以内)	10个	0.1	665.02	7.78		3000	266.01	93.1	4031.91	403.19
143	030404017004	配电箱【弱电综合箱 DMT;墙上暗装】	台	4	66.5	0.78		220	26.6	9.31	323.19	1292.76
144	C4-1543	暗装接线箱(半周长 700mm 以内)	10个	0.1	665.02	7.78		2200	266.01	93.1	3231.91	323.19
145	030411006003	接线盒【开关盒安装;暗装;白盖板】	个	16	7.64	0.25		2.94	3.05	1.07	14.95	239.2
146	C4-1546	暗装开关盒	10个	0.1	23.06	1.95		14.08	9.22	3.23	51.54	5.15
147	C4-354	面板(盖板)安装	10套	0.1	53.3	0.52		15.3	21.32	7.46	97.9	9.79
合计												98002.16

案例四

××样板房装修——安装工程预算编制

实训任务说明

一、工程概况

本案例工程为样板房装修安装工程，房型为三室两厅一厨两卫，给水系统设冷热水，冷水接原预留管道，热水由单独设置的空气源热水装置提供，冷热水管上部从吊顶内走管，下部在地面找平层内敷设（标高按－0.05m 计），排水接至室外原有检查井；电气工程由室内配电箱提供电源，电源总进线利用原有管道，装饰安装时不用考虑，电气管道室内埋地统一按 0.1m 考虑。

二、编制说明

1. 各类费用计取说明

（1）工程类别：本工程按三类工程取费，管理费率 40%；利润 14%。

（2）措施项目费的计取：安全文明施工费基本费 1.5%；省级标化增加费 0.3%；临时设施费 1.3%，其他措施费用不计取。

（3）规费的计取：工程排污费 0.1%；社会保障费 2.4%；住房公积金 0.42%。

（4）税金按增值税 11%计取。

（5）人工费取定：安装一、二、三类工分别为 85 元/工日、82 元/工日、77 元/工日执行。

（6）主材价格采用除税指导价，见主要材料价格表；辅材价格不调整。

（7）机械台班单价按江苏省 2014 机械台班定额执行（台班费中人工调整为 90 元/工日，汽油 8.5 元/L，柴油 7.5 元/L，其他材料价格不调整）。

2. 给排水部分说明

（1）给水管道接至原预留管道，排水暂算至外墙皮 1.5m；

（2）给水室内冷水管采用 PPR 管 1.25MPa，热水管采用 PPR 管 2.0MPa，排水管为普通 UPVC 排水管。

3. 电气部分说明

（1）配电箱 ALa 进线管道及电缆皆不计；

（2）电箱及开关插座的安装高度见图纸说明，配电箱的出线皆按从箱体下部出线；

（3）照明管道穿线根数按设计说明，8 根以内按单根管道考虑，8 根电线以上必须分两根管道进行穿线。

4. 管道劈槽、挖填土以及穿墙套管暂不考虑

5. 工程量计算特殊说明

(1) 排水管道登高管(从横管至卫生洁具的连接管),大便器从横管算至地面+0.1m,其他卫生洁具只算至地面即可,大便器+0.1m(相关计算规则无明确说明,但一般考试案例中皆按此种算法考虑);

(2) PPR管道的管件数量算法,此内容计算规则没有相关说明,各种算法也比较多,此处仅按镀锌钢管室内安装定额的含量计,管件的单价是综合了各种管件的合成价格;

(3) 卫生间局部等电位箱LEB至接地网的连接扁钢-25×4的长度,按竖向0.3m(LEB安装高度)+0.1m(埋深),水平向按0.4m搭接长度;

(4) LEB至各卫生洁具金属构件接地线的接线端子数量,插座至LEB的仅计1只(插座内的接线不计,插座内接线端子是综合考虑的),LEB至各卫生洁具的端子,两端各计1只;

(5) 荧光灯光沿定额含量为8.08盏/10m,是按照普通日光灯考虑的(即每10m 8盏日光灯,并考虑1%损耗量为8.08盏),目前的光沿安装一般已不采用普通日光灯,则定额含量调整为10.1;光沿的接线盒暂按定额含量中软管的数量确定,2.06只/10m。

三、实训时提供的资料

(1) 施工图纸(未标注尺寸图纸);

(2) 主要材料价格表;

(3) 暂估价材料表。

四、实训要求

按规定完成工程量计算和工程预算书的编制,提交的实训成果包括:

1. 工程量计算书(手写稿)

2. 工程预算书(其中应包括以下内容)

(1) 预算书封面;

(2) 单位工程费用汇总表;

(3) 分部分项工程量清单;

(4) 单价措施项目清单;

(5) 单价措施项目清单综合单价分析表;

(6) 总价措施项目清单与计价表;

(7) 规费、税金项目计价表;

(8) 材料暂估单价材料表;

(9) 主要材料价格表;

(10) 分部分项工程量清单综合单价分析表。

五、实训原始资料

1. 图纸(见案例四图纸)

2. 主要材料价格表(表4-1)

表4-1 主要材料价格表

序号	材料名称	规格型号	单位	单价/元	备注
1	PPR 20/25 热水管件		只	3.25	
2	PPR 15/20 热水管件		只	2	

续表

序号	材料名称	规格型号	单位	单价/元	备注
3	PPR 20/25 冷水管件		只	2.75	
4	PPR 15/20 冷水管件		只	1.5	
5	PPR 25/32 冷水管件		只	3.5	
6	金属软管		个	15	
7	承插塑料排水管 d_n50		m	6.75	
8	承插塑料排水管 d_n75		m	11.26	
9	承插塑料排水管 d_n110		m	20.91	
10	PPR 热水管;d_e20;2.0MPa	15/20	m	7.52	
11	PPR 冷水管;d_e32;1.25MPa	25/32	m	10.51	
12	PPR 热水管;d_e25;2.0MPa	20/25	m	11.5	
13	PPR 冷水管;d_e25;1.25MPa	20/25	m	7.24	
14	PPR 冷水管;d_e20;1.25MPa		m	5.09	
15	承插塑料排水管件 d_n50		个	4.73	
16	承插塑料排水管件 d_n75		个	6.76	
17	承插塑料排水管件 d_n110		个	10.45	
18	角阀		个	18	
19	搪瓷浴盆		个	1500	
20	洗面盆		套	1200	
21	不锈钢洗菜盆		只	480	
22	拖把池		只	580	
23	连体坐便器		套	1000	
24	红外线浴霸(光源个数 4 个)		套	580	
25	不锈钢洗菜盆水嘴		个	150	
26	拖把池水嘴		个	35	
27	冷热水淋浴龙头		套	1380	
28	浴盆水嘴 DN15		个	220	
29	扳把式脸盆水嘴		套	280	
30	排水栓		套	10	
31	不锈钢带毛发收集地漏;DN50		个	35	
32	不锈钢地漏;DN50		个	18	
33	不锈钢洗衣机地漏;DN50		个	22	
34	洗脸盆下水口(铜)		个	35	
35	坐便器桶盖		个	25	
36	连体排水口配件		套	10	

续表

序号	材料名称	规格型号	单位	单价/元	备注
37	连体进水阀配件		套	12	
38	浴盆排水配件		套	50	
39	节能吸顶灯		套	55	
40	射灯		套	45	
41	节能筒灯		套	38	
42	壁灯		套	68	
43	镜前灯		套	45	
44	艺术吊灯		套	360	
45	荧光灯光沿;T5灯管		套	45	
46	单联单控开关;A86K11-10		只	4.39	
47	浴霸开关(浴霸自带,不计主材)		只		
48	三联双控开关;A86K32-10		只	10.59	
49	单联双控开关;A86K12-10		只	5.05	
50	双联双控开关;A86K22-10		只	7.78	
51	双联单控开关;A86K21-10		只	6.47	
52	三联单控开关;A86K31-10		只	8.64	
53	密闭型防溅二三极插座;A86Z223FA10		套	13.22	
54	铜质地插座		套	120	
55	安全型二三极暗插座(带开关);A86Z223KA10		套	11.31	
56	安全型三极暗插座;A86Z13A16		套	8.37	
57	空调插座(三极带开关);A86Z13KA25		套	14.03	
58	安全型二三极暗插座;A86Z223A10		套	8.22	
59	BVR-4		m	2.44	
60	BV-2.5		m	1.59	
61	刚性阻燃管	15mm	m	1.49	
62	刚性阻燃管	20mm	m	2.13	
63	刚性阻燃管	25mm	m	3.11	
64	刚性阻燃管	32mm	m	4.85	
65	分等电位联结端子箱		个	35	
66	接线盒		只	1.2	
67	电力电缆;YJV-3×4	$4mm^2$	m	12.83	
68	嵌入式配电箱PZ-30:600mm×400mm×180mm		台	1800	
69	户内接地母线 -25×4 镀锌扁钢		m	3.49	
70	卫生间通风器		台	180	

3. 暂估价材料表（表 4-2）

表 4-2 暂估价材料表

序号	材料(工程设备)名称	规格型号	计量单位	暂估单价/元
1	金属软管		个	15
2	角阀		个	18
3	搪瓷浴盆		个	1500
4	洗面盆		套	1200
5	不锈钢洗菜盆		只	480
6	拖把池		只	580
7	连体坐便器		套	1000
8	红外线浴霸(光源个数 4 个)		套	580
9	不锈钢洗菜盆水嘴		个	150
10	拖把池水嘴		个	35
11	冷热水淋浴龙头		套	1380
12	浴盆水嘴 $DN15$		个	220
13	扳把式脸盆水嘴		套	280
14	排水栓		套	10
15	洗脸盆下水口(铜)		个	35
16	坐便器桶盖		个	25
17	连体排水口配件		套	10
18	连体进水阀配件		套	12
19	浴盆排水配件		套	50
20	节能吸顶灯		套	55
21	射灯		套	45
22	节能筒灯		套	38
23	壁灯		套	68
24	镜前灯		套	45
25	艺术吊灯		套	360
26	荧光灯光沿；T5 灯管		套	45
27	嵌入式配电箱 PZ-30：600mm×400mm×180mm		台	1800
28	卫生间通风器		台	180

注：本案例的相关工程量计算及预算编制请自行完成，相关计算成果可在教学资源网 www.cipedu.com.cn 输入本教材下载查看。

案例四 图纸

××样板房装修工程给排水施工图

图纸目录

建设单位	XX公司	项目编号		子项号码	
工程名称	XX样板房装修工程	子项名称	样板房	设计专业	给排水

序号	图纸编号	图纸名称	图幅	日期	备注
1	水施—01	图纸目录	A4		
2	水施—02	图例及设备材料表	A4		
3	水施—03	给排水设计施工说明	A2		
4	水施—04	给排水平面图	A4		
5	水施—05	给排水系统图	A4		
6					

采用标准（通用）图

序号	代号	名称	编制单位
1	09S304	卫生设备安装	
2	03S401	管道和设备保温、防结露及电伴热	
3		图例及设备材料表	

建设单位	XX公司	项目编号		子项号码		
工程名称	XX样板房装修工程	子项名称	样板房	图号		日期

序号	图例	名称	型号及规格	单位	数量	备注
1		洗手盆	节水型　甲方自理	套	图详	图集09S304
2		浴缸	节水型　甲方自理	套	图详	图集09S304
3		坐便器	节水型　甲方自理	套	图详	图集09S304
4		淋浴器	节水型　甲方自理	套	图详	图集09S304
5		厨房水槽	节水型　甲方自理	套	图详	图集09S304
6		拖把池	节水型　甲方自理	套	图详	图集09S304
7		地漏	DN50	个	图详	
8		截止阀	DN25 20	套	图详	
9		生活冷水管	PP-R((De20 25 32) S5	m	图详	压力等级不小于1.25MPa
10		生活热水管	PP-R(De20 25) S3.2	m	图详	压力等级不小于2.00MPa
11		生活污水管	PVC-U塑料管DN100 75 50	3m	图详	
12					图详	

给排水设计施工说明

一、工程概况及装修范围

1. 本工程为某别墅样板房（一层平面图）室内部分，本层层高2.9m。
2. 装修范围：样板房。

二、设计依据

1. 相关批文：详见装饰总说明。
2. 本工程采用的主要规范及标准：
《建筑给水排水设计规范》（GB50015—2003）（2009版）
3. 甲方及相关专业所提资料：
(1) 业主提供的原建筑设计院给排水施工图；
(2) 装饰专业所提供的平面图；
(3) 装饰专业所提供的用水设备的位置。

三、设计范围

样板房内给排水设计。

四、排水系统

1. 采用原土建排水系统；
2. 生活排水管采用 PVC—U 塑料管，承插粘接。

五、给水系统

1. 冷水均采用原土建系统，给水支管根据装修图纸重新设计。热水系统重新设计。
2. 生活给水管：
冷水管：室内冷水给水管采用 PP—R管(S5)，热熔连接. 压力等级不小于1.25MPa。
热水给水及回水管：室内热水给水采用 PP—R管(S3.2)，热熔连接. 压力等级不小于 2.0MPa。
3. 配水点给水压力不大于0.2MPa。

六、设备及管道安装

1. 各类设备、管材阀门等到货后，应检查并确认符合制造厂的技术规定和本设计的技术要求方可进行安装。
2. 管材及附件：
(1) 给水管采用品牌聚丙稀 PP—R管，热熔连接。
(2) 生活污水排水管采用符合国家标准的建筑排水用硬聚氯乙烯管材PVC—U排水塑料管（以下称 PVC—U排水管），承插粘接。
(3) 给水阀门 DN≤50mm 采用铜芯截止阀，其余采用铜芯闸阀（标注除外），公称压力为 1.0MPa。
(4) 伸缩节安装除图中注明外，排水立管（层高 ≤4.0m）每层设一个伸缩节，排水横支管上合流配件至立管的直线管段超过2m时，应设伸缩节，伸缩节之间最大间距不得超过 4m，参见苏 S9702。
3. 卫生器具均采用节水型器具及其配件（产品选型甲方自理），安装参见 09S304。
4. 给水管道敷设：
(1) 画在墙体内给水管道为暗敷，画在墙外的给水管道为明设。墙体暗敷应预留或开凿管槽，管槽表面应整齐通顺，槽深 De+20mm。局部可适当加深，槽宽 De+（20～40mm）；暗敷支管标高可根据所选卫生器具和图集做适当调整。
(2) 管道穿越楼层时，应设套管；穿越屋顶及侧墙时，应设防水套管。防水套管制作详参 02S404。安装在楼板内的套管，其顶部高出装饰地面50mm，底部与楼板底面相平，套管与管道之间缝隙应用阻燃密实材料和防水油膏填实，端部光滑；出屋面 PP—R 给水管应按DB25/T 474—2001第5.3.11 款做好保温和防紫外线工作。
(3) 暗敷管道施工完成后，应在墙面和地坪面标注位置，防止二次装修损害暗敷管道。
(4) 给水管道支架间距按《建筑给水聚丙烯管道（PPR）工程技术规程》（DB25/T 474—2001）中规定设置。

5. 排水管道敷设：
(1) 除图中注明外，室内排水横支管坡度均按 0.026 敷设，排水管上存水弯和地漏水封高度不得小于 50mm。
(2) 排出管与立管之间采用两只45°弯头连接；排水立管拐弯处弯头为带检查口弯头。架空层排水管、雨水管拐弯的地方，应设置固定支架。
(3) 楼板处为固定支承，加设止水环。
(4) 塑料排水管穿越防火墙、楼层及不同防火分区管井井壁时设置阻火圈或防火套管。
(5) 埋地塑料排水管道施工请按《埋地塑料排水管道工程技术规程》（DG/TJ 08—308—2002）执行。

6. 管道试压：
(1) 给水管最高工作压力：0.20MPa。
(2) 生活给水管试验压力，应为管道系统工作压力的 1.5 倍，但不得小于1.0MPa；
水压试验要求详见 GB 50242—2002。
(3) 排水管应做灌水试验，注水高度应不低于底层地面，30min 内不渗不漏为合格。
(4) 污水立管、横干管，应按《建筑给水排水及采暖工程施工质量验收规范》（GB 50242—2002）的要求做通球试验。

七、管道防腐及保温

1. 室外明装的给水管道和排水横管选用厚 30mm 离心玻璃丝棉管保温，外包 0.5mm 镀锌铁皮保护层。明露管道保温作法详见国标 03S401。
2. 埋地金属管应做二布三油加强防腐，明装金属给水管道去污后刷银粉漆两遍。自动喷淋管道刷樟丹二道，红色黄环调和漆二道；支吊架除锈后刷樟丹二道，灰色调和漆二道。

八、节水专篇

图中所有用水器具均采用节水型器具。

九、其它

1. 图中除标高以米为单位外，其余尺寸均以毫米计。
2. 说明中未涉及之处参见：
《建筑给水排水及采暖工程施工质量验收规范》（GB 50242—2002）
《建筑排水硬聚氯乙烯管道工程技术规程》（CJJ/T 29—2010）
《给水排水通用图集》 S1、S2、S3、S4、S5
《建筑给水排水及采暖工程施工质量验收规范》（GB 50242—2002）
3. 设备主材表仅供参考；本设计所采用材料，设备及元器件的型号仅供参考，业主可另选符合国家标准的同规格，同性能的其他型号。
4. 给排水施工人员应结合施工工序，配合土建施工，做好管道预埋和预留洞口工作。
5. 阀门井做法详见苏 S01—2004，水表井做法详见苏 S01—2004. 排水检查井做法详见 02S515。
6. 本设计未尽之处请按国家施工安装验收规范及有关规定执行。
7. 管径对照表

相对应通用标注	本设计图标注
De110	DN100
De90	DN80
De75	DN65
De63	DN50
De50	DN40
De40	DN32
De32	DN25
De25	DN20
De20	DN15

PROJECT TITLE 项目名称	
××样板房装修工程（安装工程）	
DRAWING TITLE 图名	给排水设计施工说明
CLIENT 建设单位	
DESIGN FIRM 设计单位	
REVISIONS 版本	DATE 日期
APPROVED 批准	
APPROVED 审定	
VERIFIED 审核	
CHECKED 校对	
DESIGNER 设计	
DRAWN 制图	
DATE 日期	
SCALE 比例	见图
Drawing NO 图号 03	Job NO 项目编号

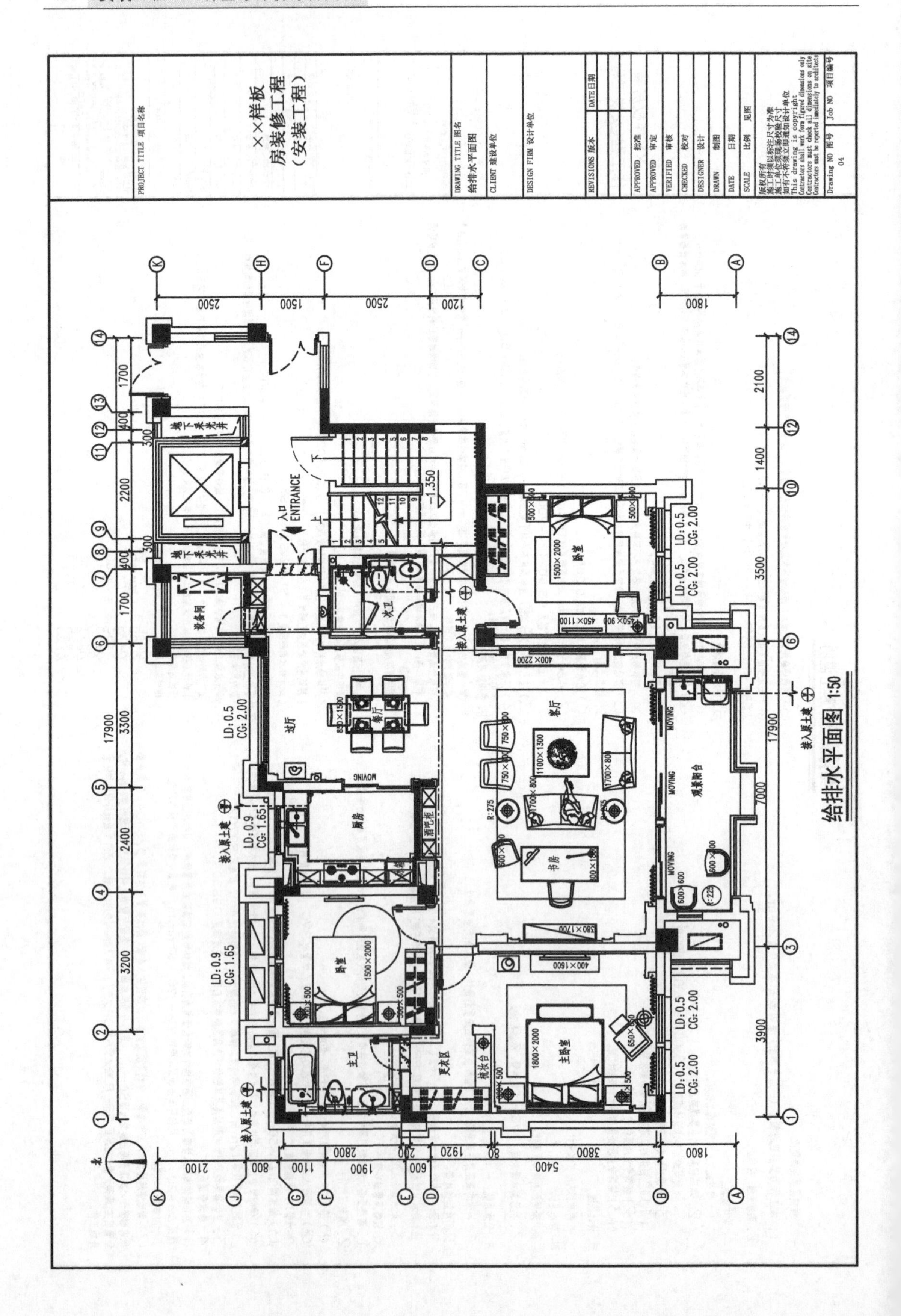
PROJECT TITLE 项目名称
××样板
房装修工程
（安装工程）
DRAWING TITLE 图名
给排水平面图
CLIENT 建设单位
DESIGN FIRM 设计单位
REVISIONS 版本
DATE 日期
APPROVED 批准
APPROVED 审定
VERIFIED 审核
CHECKED 校对
DESIGNER 设计
DRAWN 制图
DATE 日期
SCALE 比例 见图
This drawing is copyright
Drawing NO 图号
04
Job NO 项目编号
入口
ENTRANCE
设备间
次卫
过厅
餐厅
厨房
客厅
书房
卧室
主卧室
主卫
更衣区
观景阳台
LD: 0.5
CG: 2.00
LD: 0.9
CG: 1.65
接入原土建
给排水平面图 1:50

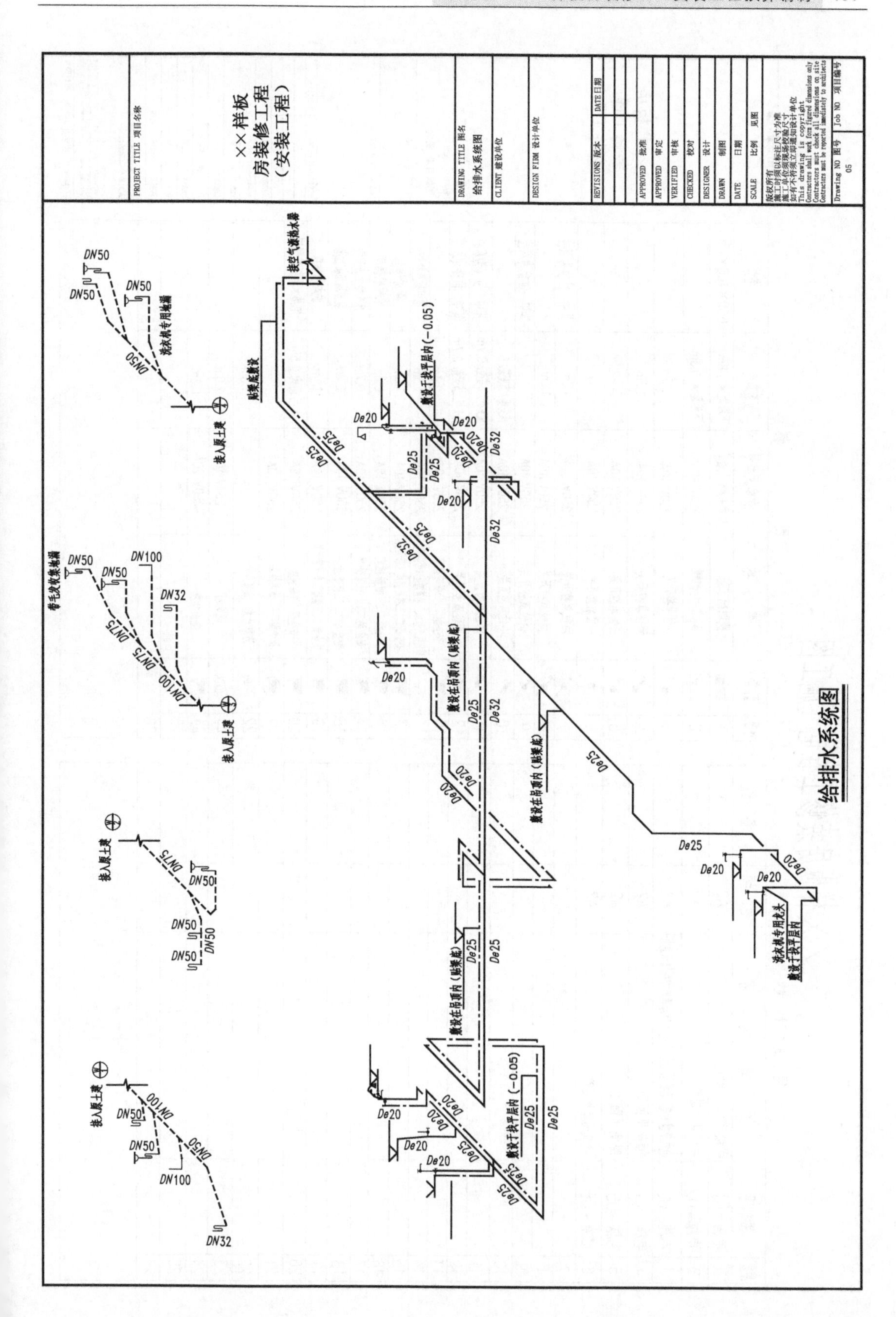
PROJECT TITLE 项目名称
××样板
房装修工程
（安装工程）
DRAWING TITLE 图名
给排水系统图
CLIENT 建设单位
DESIGN FIRM 设计单位
REVISIONS 版本
DATE 日期
APPROVED 批准
APPROVED 审定
VERIFIED 审核
CHECKED 校对
DESIGNER 设计
DRAWN 制图
DATE 日期
SCALE 比例 见图
Drawing NO 图号
05
Job NO 项目编号
给排水系统图
接入原土建
洗衣机专用地漏
带毛发收集地漏
接空气源热水器
贴梁底敷设
敷设于找平层内（-0.05）
敷设在吊顶内（贴梁底）
洗衣机专用龙头
敷设于找平层内
DN50
DN75
DN100
DN32
De20
De25
De32

XX样板房装修工程电气施工图

图纸目录

序号	图纸编号	图纸内容	图幅	备注
1	电施-01	图纸目录　图例	A2	
2	电施-02	电气设计说明	A2	
3	电施-03	电气节能专篇 照明系统图 卫生间局部等电位联结示意图	A2	
4	电施-04	插座平面图	A2	
5	电施-05	照明平面图	A2	
6	电施-06	空调插座平面图	A2	
7				
8				
9				
10				
11				
12				
13				
14				
15				
16				
17				
18				
19				
20				
21				
22				
23				
24				
25				
26				

图例

序号	图例	名称	规格及型号	安装高度	备注
1		照明配电箱	利用土建电气设计	下沿距地 1.8m	600×400×180
2	LEB	局部等电位联结箱	250V 10A	下沿距地 0.3m	
3		一位单控开关	250V 10A	1.3m	
4		两位单控开关	250V 10A	1.3m	
5		三位单控开关	250V 10A	1.3m	
6		一位双控开关	250V 10A	1.3m	
7		两位双控开关	250V 10A	1.3m	其中一位接为双控
8		两位双控开关	250V 10A	1.3m	
9		两位双控开关	250V 10A		其中一位接为双控
10		一位双控开关	250V 10A	床头柜上方安装，0.7m	
11		两位双控开关	250V 10A	床头柜上方安装，0.7m	其中一位接为双控
12		两位双控开关	250V 10A	床头柜上方安装，0.7m	其中一位接为双控
13		安全型二、三极暗插座	250V 10A	0.3m	
14		密闭防水型二、三极暗插座（带防溅盒）	250V 10A	1.3m	图中标注除外
15		安全型二、三极暗插座（带开关）	250V 10A	1.5m	厨房插座
16		安全型二、三极暗插座	250V 10A	0.3m	电视机插座
17		安全型二、三极暗插座	250V 10A	0.7m	床头柜上方安装
18		安全型二、三极暗插座	250V 10A	2.0m	脱排油烟机插座
19		安全型二、三极暗插座（带开关）	250V 10A	1.1m	洗衣机插座
20		安全型三极暗插座	250V 15A	吊顶内 2.5m	电热水器插座预留
21		安全型二、三极地插座	250V 10A	—	
22	o o	浴霸开关　设备自带		1.3m	
23		镜前灯	250V 10A	2.0m	
24		空调插座	250V 20A	0.3m	
25					
26					

PROJECT TITLE 项目名称

××样板房
装修工程
（安装工程）

DRAWING TITLE 图名
图纸目录 图例

CLIENT 建设单位

DESIGN FIRM 设计单位

REVISIONS 版本	DATE 日期

APPROVED 批准
APPROVED 审定
VERIFIED 审核
CHECKED 校对
DESIGNER 设计
DRAWN 制图
DATE 日期
SCALE 比例 见图

Drawing NO 图号 01　Job NO 项目编号

电气设计说明

一、工程概况

本工程为某别墅样板房（一层平面图）室内部分，本层层高2.9m。

二、设计依据

1. 相关批文：详见装饰总说明。
2. 本工程采用的主要规范及标准：
《供配电系统设计规范》（GB 50052—2009）；
《低压配电设计规范》（GB 50054—2011）；
《建筑照明设计标准》（GB 50034—2013）；
《民用建筑电气设计规范》（JGJ 16—2008）；
《民用建筑设计防火规范》（GB 50016—2014）；
《住宅建筑规范》（GB 50368—2005）；
《住宅设计规范》（GB 50096—2011）；
《住宅建筑电气设计规范》（JGJ 242—2011）；
《建筑内部装修设计防火规范》（GB 50222—2017）。
3. 甲方及相关专业所提资料：
甲方提供的原建筑设计院电气施工图；
装饰专业所提供的平面图和顶面图；
相关专业提供的设备参数及控制方式。

三、设计范围

1. 装饰部分的照明平面图；
2. 装饰部分的插座平面图；
3. 装饰部分的空调平面图。

四、电源

1. 本工程所有负荷为三级负荷。
2. 照明配电箱电源由计量箱引来，进户线利用土建电气设计。

五、照明设计

1. 灯具及光源由装修定，选型见装饰设计（主要采用 LED 射灯，节能型筒灯，及 LED灯带）。
所有气体放电灯均应配电子整流器及功率因素补偿至不小于 0.9。
2. 照明控制：照明均采用翘板开关就地控制。

六、线路敷设

1. 照明线路采用 BV-750-3×2.5导线穿 PVC 管（壁厚不应小于1.5mm）于吊顶内敷设，敷设在非燃烧体结构内时，其保护层厚度不应小于 15mm。
2. 插座线路采用BV-750-3×2.5 导线穿 PVC 管（壁厚不应小于1.5mm）沿地墙暗敷。暗敷设在非燃烧体结构内时，其保护层厚度不应小于15mm。
3. 图中未标注线芯的导线均为三芯。
4. 线管超过下列长度时，其中间应装设接（拉）线盒或加大管径一级：
a. 线管全长超过30m且无弯时；
b. 线管全长超过20m，有一个弯时；
c. 线管全长超过15m，有两个弯时；
d. 线管全长超过8m，有三个弯时。
导线穿管可参考下表

导线型号	3根单芯		4根单芯		5根单芯		6根单芯		7根单芯		8根单芯	
	PVC	SC	PVC	SC	PVC	SC	PVC	SC	PVC	SC	PVC	SC
BV-750-2.5 mm²	20	15	25	20	25	20	25	25	32	25	32	32

注：其他配管情况，2 根线配 PVC20；9 根线配 PVC20+PVC25；10~12 根线配 2×PVC25；13 根线配 PVC25+PVC32。

七、器具安装

1. 配电箱、开关、插座、照明器靠近可燃物时，应采取隔热、散热措施。
2. 卤钨灯和100W 的白炽灯泡的吸顶灯、槽灯、嵌入式灯的引入线应采取保护措施。
3. 超过60W 的白炽灯、卤钨灯、荧光高压汞灯，包括镇流器等不应直接设置在可燃装修材料或可燃构件上。
4. 灯具型号、规格安装方式及位置详见装饰施工图；直接安装在可燃材料表面的灯具，应采用标有 F 标志的灯具。浴室灯具采用防水型；卫生间插座均需带防溅盒，其他电气设备安装见图例和有关说明。
5. 轻钢龙骨吊顶内敷设的电线管路及重量 ≥ 3kg 的灯具应有单独吊杆，管线吊杆的间距应为 1.0~1.5m 之间，在弯角处吊杆间距应减小。

八、接地及安全

1. 利用原接地系统，凡用电设备正常不带电金属外壳均须与专用PE线作可靠连接。
2. 浴室及有洗浴设备的卫生间须采用局部等电位联结，具体做法参考国家建筑标准设计《等电位联结安装》（02D502），其余须设局部等电位联结处参见土建电气设计。

九、安装高度

1. 照明配电箱下沿距地1.8m、局部等电位联结箱下沿距地0.3m。
2. 床头柜上方开关距地 0.7m，其余开关距地1.3m。
3. 除平面图标注外，厨房插座具体安装位置见厨房橱柜专业设计文件，电视机插座、床头柜上方插座高度见装饰立面，其余插座均距地 0.3m。

十、其他

1. 与装饰施工及土建电气安装密切配合。
2. 未说明部分见电气施工及验收规范。
3. 本设计若有新的版本，相对应的老版本图作废。

PROJECT TITLE 项目名称	别墅样板房装修工程（安装工程）
DRAWING TITLE 图名	电气设计说明
CLIENT 建设单位	
DESIGN FIRM 设计单位	
REVISIONS 版本	DATE日期
APPROVED 批准	
APPROVED 审定	
VERIFIED 审核	
CHECKED 校对	
DESIGNER 设计	
DATE 日期	
SCALE 比例	见图
Drawing NO 图号 02	Job NO 项目编号

电 气 节 能 专 篇

一、工程概况

本工程为居住建筑，主要技术参数如下：

所在城市	气候分区	建筑面积/m²	建筑层数	建筑高度/m	结构形式	有无太阳能热水系统
江苏省××市	夏热冬冷	2860	5	15.75	框架结构	无

二、设计依据

《建筑照明设计标准》（GB 50034—2013）

《住宅设计规范》（GB 50096—2011）

《住宅建筑规范》（GB 50368—2005）（第8.5.3条、第9.7.3条、第10.1.4条、第10.1.5条）

《江苏省住宅设计标准》（DGJ32/J 26—2006）（第10.1.3.4条、第10.1.5条）

《民用建筑电气设计规范》（JGJ 16—2008）

《江苏省民用建筑工程施工设计文件（节能专篇）编制深度规定》（2009年版）

国家、省、市现行的相关法律、法规

三、主要节能设计要求及措施

住宅共用房间的照明节能设计

主要房间或场所		光源类型（功率、色温、Ra）	镇流器形式	灯具效率	照明功率因数补偿情况	照度/lx	照明功率密度/(W/m²)	照明控制方式
住宅	起居室	紧凑型节能荧光灯（13W，2700K，80）	自镇流	>75%	0.9	100	6	就地控制
		卤素灯（20W，2700K，80）	自镇流	>75%	0.9			
	卧室	紧凑型节能荧光灯（13W，2700K，80）	自镇流	>75%	0.9	75		就地控制
		卤素灯（20W，2700K，80）	自镇流	>75%	0.9			
	餐厅	紧凑型节能荧光灯（13W，2700K，80）	自镇流	>75%	0.9	150		就地控制
		卤素灯（20W，2700K，80）	自镇流	>75%	0.9			
	厨房	环形荧光灯（22W，3000K，80）	自镇流	>75%	0.9	100		就地控制
	卫生间	紧凑型节能荧光灯（13W，2700K，80）	电子镇流器	>75%	0.9	100		就地控制

照明系统图

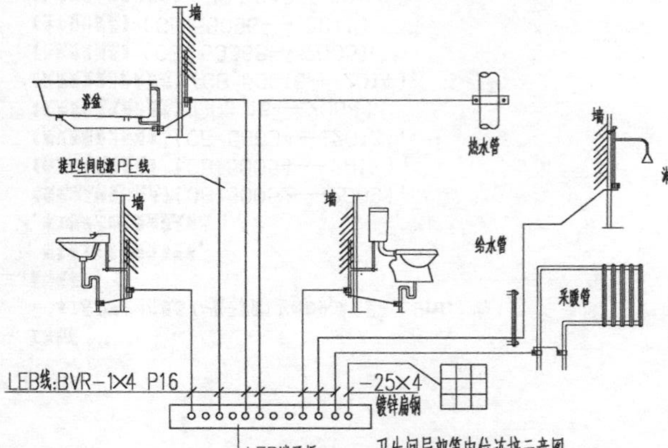

箱号容量	主回路			控制代号	备注
ALa 12kW BMG-100 80A/2P	BMN-32 C16	BV-3×2.5 PVC20 SCE WL1	照明		1.箱体型号：PZ-30 2.安装方式：底边距地1.8m嵌墙暗装
	BMN-32L C16/0.03A	利用土建电气设计线路	多媒体箱电源		
	BMN-32 C16	BV-3×2.5 PVC20 SCE WL2	照明		
	BMN-32 C16	BV-3×2.5 PVC20 SCE WL3	卫生间照明		
	BMN-32 C16	BV-3×2.5 PVC20 SCE WL4	卫生间照明		
	BMN-32L D20/0.03A		预留		
	BMN-32L C16/0.03A	BV-3×2.5 PVC20 FC WX1	一般插座		
	BMN-32L C16/0.03A	BV-3×2.5 PVC20 FC WX2	一般插座		
	BMN-32L C16/0.03A	BV-3×2.5 PVC20 FC WX3	卫生间插座		
	BMN-32L C16/0.03A	BV-3×2.5 PVC20 FC WX4	卫生间插座		
	BMN-32L C16/0.03A	BV-3×2.5 PVC20 FC WX5	厨房插座		
	BMN-32L D20/0.03A	YJV-3×4 PVC25-FC WK1	空调电源		
	BMN-32L D20/0.03A	YJV-3×4 PVC25-FC	预留空气源电源		

浴盆　墙　接卫生间电源PE线　热水管　淋浴　给水管　采暖管　LEB线：BVR-1×4 P16　-25×4 镀锌扁钢　LEB端子板

卫生间局部等电位连接示意图

1. 局部等电位联结应包括浴区或卫生间内金属给、排水管、金属浴盆、金属采暖管以及建筑物钢筋网，可不包括金属地漏、扶手、浴巾架、肥皂盒等孤立之物。
2. 地面内钢筋网宜与等电位联结线连通，当墙为混凝土墙时，墙内钢筋网也宜与等电位联结线连通。
3. 图中LEB线均采用BVR-1×4mm²导线在地面内或墙内穿塑料管暗敷。
4. 等电位端子板的设置位置应方便检测。

PROJECT TITLE 项目名称

××样板房装修工程（安装工程）

DRAWING TITLE 图名

电气节能专篇照明系统图

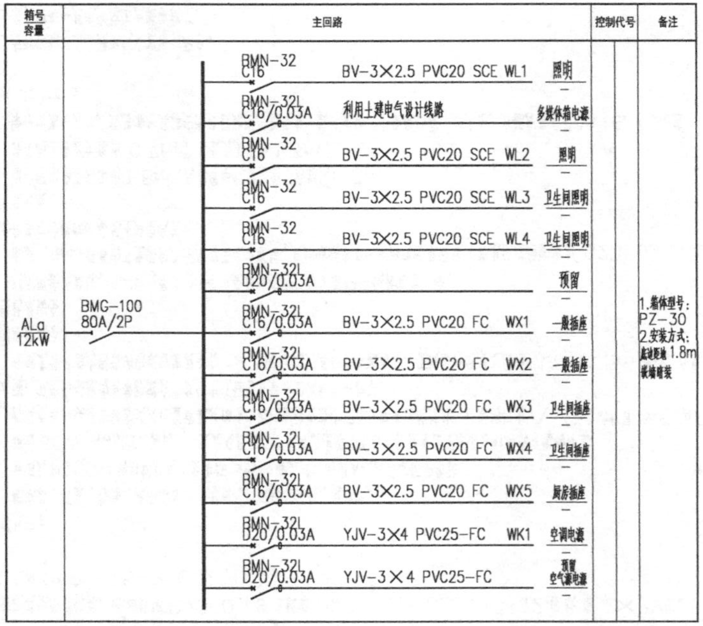

卫生间局部等电位连接示意图

CLIENT 建设单位

DESIGN FIRM 设计单位

REVISIONS 版本　DATE 日期

APPROVED 批准

APPROVED 审定

VERIFIED 审核

CHECKED 校对

DESIGNER 设计

DRAWN 制图

DATE 日期

SCALE 比例　见图

Drawing NO 图号 03　Job NO 项目编号

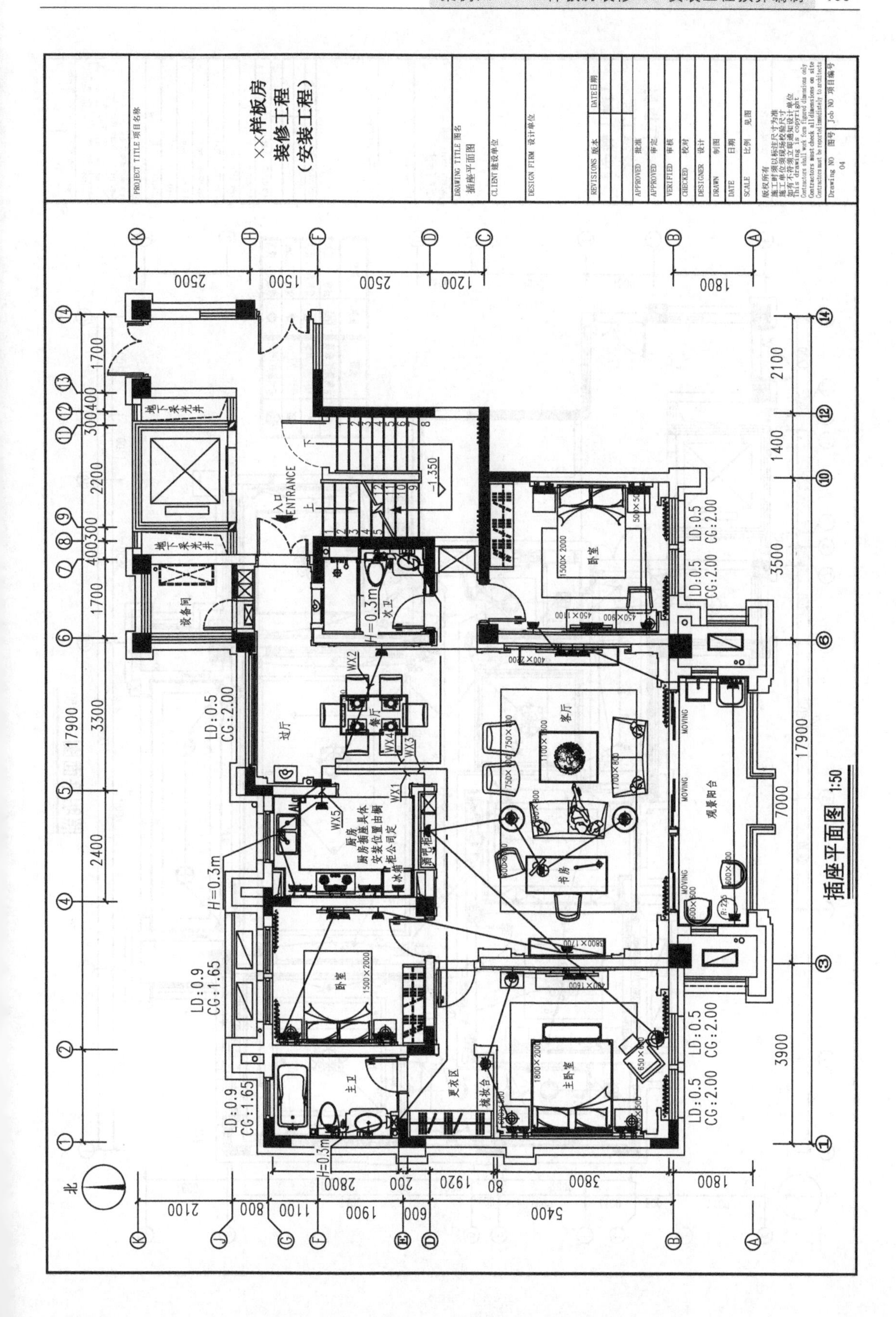
××样板房
装修工程
（安装工程）
插座平面图
插座平面图 1:50
入口 ENTRANCE
设备间
地下采光井
次卫
过厅
餐厅
厨房
厨房插座具体安装位置由橱柜公司定
冰箱
卧室
主卫
更衣区
主卧室
梳妆台
客厅
书房
观景阳台
LD:0.5 CG:2.00
LD:0.9 CG:1.65
H=0.3m
17900
5400
1800

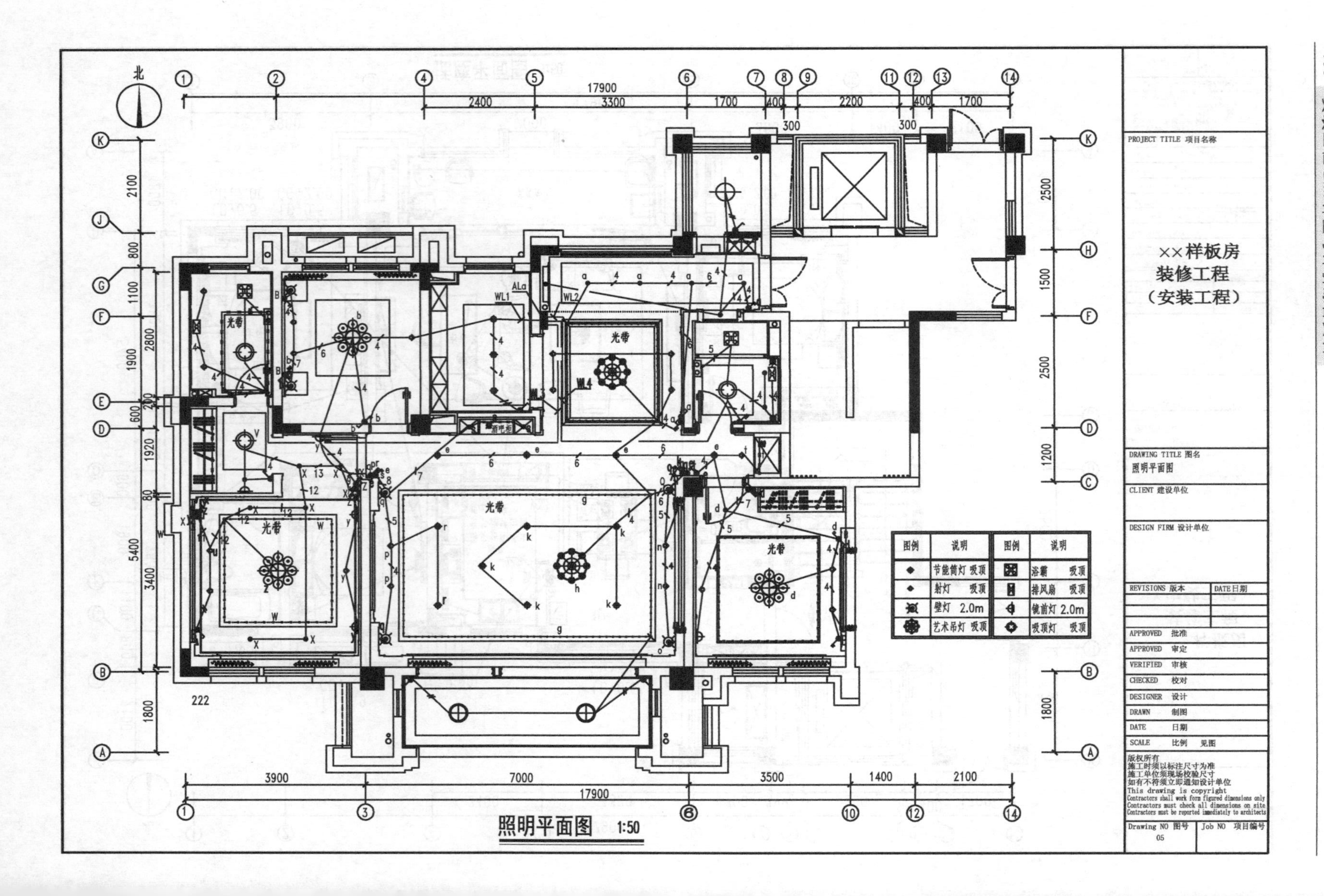
PROJECT TITLE 项目名称
××样板房
装修工程
（安装工程）
DRAWING TITLE 图名
照明平面图
CLIENT 建设单位
DESIGN FIRM 设计单位
REVISIONS 版本
DATE 日期
APPROVED 批准
APPROVED 审定
VERIFIED 审核
CHECKED 校对
DESIGNER 设计
DRAWN 制图
DATE 日期
SCALE 比例 见图
版权所有
施工时须以标注尺寸为准
施工单位须现场校验尺寸
如有不符须立即通知设计单位
This drawing is copyright
Contractors shall work form figured dimensions only
Contractors must check all dimensions on site
Contractors must be reported immediately to architects
Drawing NO 图号
05
Job NO 项目编号
图例
说明
节能筒灯 吸顶
射灯 吸顶
壁灯 2.0m
艺术吊灯 吸顶
浴霸 吸顶
排风扇 吸顶
镜前灯 2.0m
吸顶灯 吸顶
北
光带
17900
照明平面图 1:50

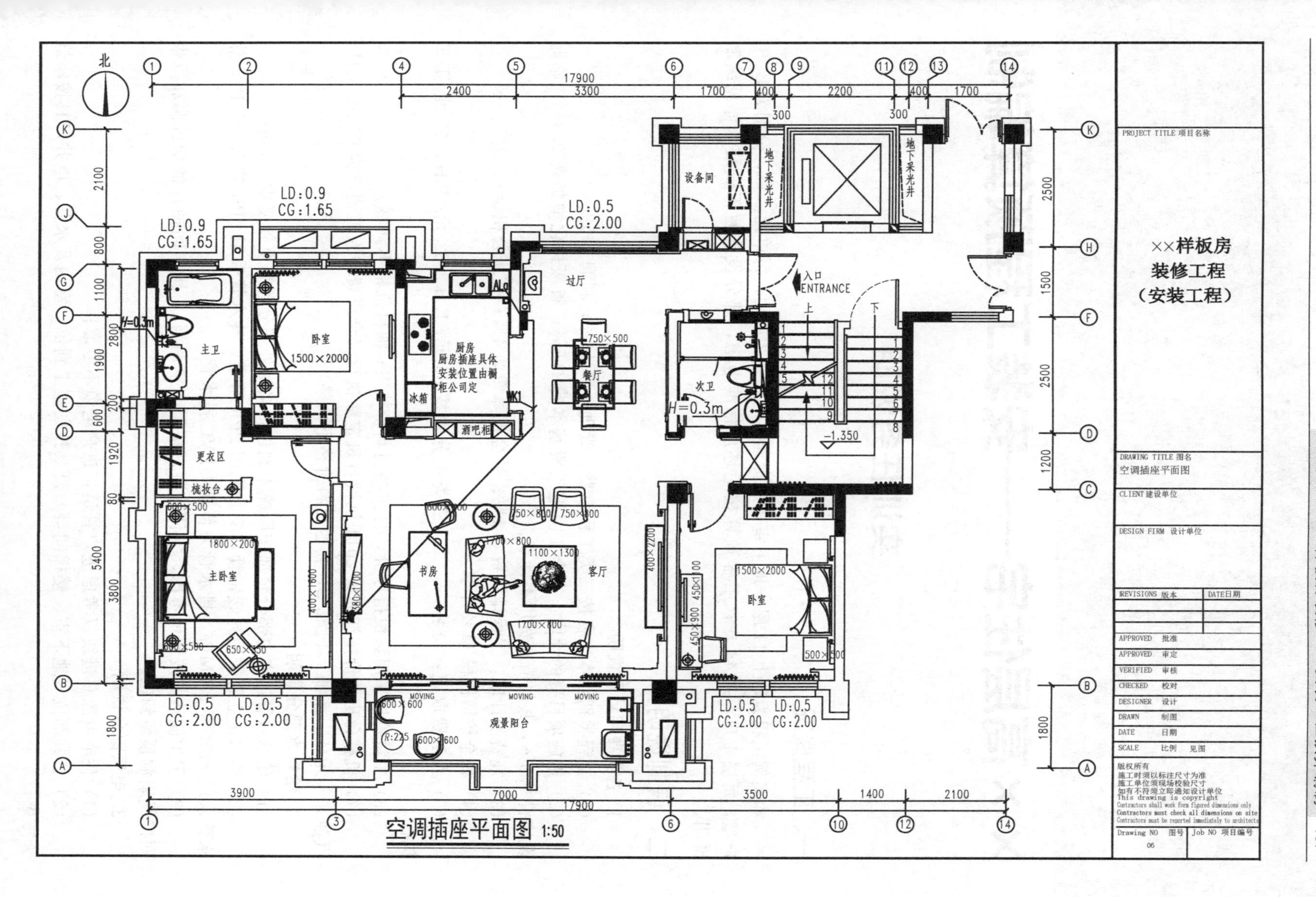
PROJECT TITLE 项目名称
××样板房
装修工程
（安装工程）
DRAWING TITLE 图名
空调插座平面图
CLIENT 建设单位
DESIGN FIRM 设计单位
REVISIONS 版本
DATE日期
APPROVED 批准
APPROVED 审定
VERIFIED 审核
CHECKED 校对
DESIGNER 设计
DRAWN 制图
DATE 日期
SCALE 比例 见图
版权所有
施工时须以标注尺寸为准
施工单位须现场校验尺寸
如有不符须立即通知设计单位
This drawing is copyright
Contractors shall work form figured dimensions only
Contractors must check all dimensions on site
Contractors must be reported immediately to architects
Drawing NO 图号
06
Job NO 项目编号
北
设备间
地下采光井
入口
ENTRANCE
上
下
-1.350
过厅
餐厅
750×500
厨房
厨房插座具体
安装位置由橱
柜公司定
冰箱
酒吧柜
主卫
H=0.3m
卧室
1500×2000
次卫
更衣区
梳妆台
主卧室
1800×2000
书房
客厅
1100×1300
1700×800
观景阳台
MOVING
LD:0.9
CG:1.65
LD:0.5
CG:2.00
空调插座平面图 1:50

05

案例五

××高层住宅——安装工程预算编制

实训任务说明

一、工程概况

本案例工程为地上11层+地下室1层标准住宅，共2单元，每单元2户，分别为B、C户型，每层4户，共44户；工程预算按毛坯房标准考虑，部分设施暂不安装，详见编制说明。

二、编制说明

1. 各类费用计取说明

（1）工程类别：本工程按二类工程取费，管理费率44%；利润14%。

（2）措施项目费的计取：安全文明施工费基本费1.5%；省级标化增加费0.3%；临时设施费1.3%，其他措施费用不计取。

（3）规费的计取：工程排污费0.1%；社会保障费2.4%；住房公积金0.42%。

（4）税金按增值税11%计取。

（5）人工费取定：安装一、二、三类工分别按85元/工日、82元/工日、77元/工日执行。

（6）主材价格采用除税指导价，见主要材料价格表；辅材价格不调整。

（7）机械台班单价按江苏省2014机械台班定额执行（台班费中人工调整为90元/工日，汽油8.5元/L，柴油7.5元/L，其他材料价格不调整）。

2. 给排水部分说明

（1）给排水管道室内部分全部按图施工到位，接室外部分暂算至外墙皮1.5m；

（2）给水主立管采用衬塑钢管，支管采用PPR管道，冷水管采用PPR管1.25MPa，热水管采用PPR管2.0MPa，排水管为普通UPVC排水管；

（3）卫生间洁具按预留考虑，空调冷凝水留洞（空调洞）、厨房间抽排油烟机洞和卫生间排气扇洞预留到位。

3. 电气部分说明

（1）住宅电源总进线仅考虑进户管道，进户电缆不考虑；

（2）公共部位（地下室、楼梯间等）灯具按图施工到位，室内及水井、电井灯具按座灯头考虑；

(3) 电箱及开关插座的安装高度见图纸说明，配电箱的出线皆按从箱体下部出线；

(4) 弱电系统仅预留管道及接线盒，弱电线及弱电插座暂不考虑。

4. 管道劈槽、挖填土以及管道保温暂不考虑

三、实训时提供的资料

(1) 施工图纸；

(2) 主要材料价格表；

(3) 暂估价材料表。

四、实训要求

按规定完成工程量计算和工程预算书的编制，提交的实训成果包括：

1. 工程量计算书（手写稿）

2. 工程预算书（其中应包括以下内容）

(1) 预算书封面；

(2) 单位工程费用汇总表；

(3) 分部分项工程量清单；

(4) 单价措施项目清单；

(5) 单价措施项目清单综合单价分析表；

(6) 总价措施项目清单与计价表；

(7) 规费、税金项目计价表；

(8) 材料暂估单价材料表；

(9) 主要材料价格表；

(10) 分部分项工程量清单综合单价分析表。

五、实训原始资料

1. 图纸（案例五图纸数量较多，CAD 电子图可在教学资源网 www. cipedu. com. cn 输入本教材自行下载）

2. 主要材料价格表（表 5-1）

表 5-1 主要材料价格表

序号	材 料 名 称	规格型号	单位	单价/元	备注
1	PPR 15/20 热水管件		只	2	
2	装饰圈		副	3.5	
3	塑料雨水斗 *DN*100		只	20	
4	装饰圈		副	2	
5	PPR 20/25 冷水管件		只	2.75	
6	PPR 15/20 冷水管件		只	1.5	
7	卡箍配件 *DN*100		项	100	
8	卡箍配件 *DN*100		项	1300	
9	卡箍配件 *DN*100		项	1250	
10	灭火器箱 400×200		只	71.82	
11	角钢(综合)		kg	2.3	

续表

序号	材料名称	规格型号	单位	单价/元	备注
12	型钢		kg	2.3	
13	醇酸防锈漆 C53-1		kg	12.87	
14	环氧煤沥青面漆		kg	17.16	
15	调和漆		kg	11.15	
16	排水管阻火圈 *DN*100		个	46.16	
17	焊接钢管	20mm	m	6.29	
18	焊接钢管	25mm	m	9.2	
19	焊接钢管	40mm	m	14.64	
20	焊接钢管	50mm	m	18.61	
21	焊接钢管	70mm	m	25.27	
22	焊接钢管	80mm	m	31.67	
23	焊接钢管	100mm	m	41.19	
24	热镀锌钢管	100mm	m	41.19	
25	热镀锌钢管 *DN*65		m	25.27	
26	热镀锌钢管 *DN*80		m	31.67	
27	金属软管	15mm	m	1.84	
28	塑料管	*DN*32	m	4.5	
29	塑料管	*DN*75	m	10.45	
30	塑料管	*DN*100	m	19.41	
31	承插塑料排水管 d_n40		m	5.15	
32	承插塑料排水管 d_n50		m	6.27	
33	承插塑料排水管 d_n75		m	10.45	
34	承插塑料排水管 d_n110		m	19.41	
35	承插塑料排水管 d_n160		m	36.62	
36	PPR热水管;d_e20;2.0MPa	15/20	m	7.52	
37	PPR冷水管;d_e20;1.25MPa	15/20	m	5.09	
38	PPR冷水管;d_e25;1.25MPa	20/25	m	7.24	
39	钢塑复合管	*DN*25	m	22.69	
40	钢塑复合管	*DN*32	m	28.41	
41	钢塑复合管(热水型)	*DN*32	m	34.09	
42	钢塑复合管	*DN*65	m	58.67	
43	钢塑复合管	*DN*40	m	35.51	
44	钢塑复合管(热水型)	*DN*40	m	42.62	
45	钢塑复合管	*DN*50	m	45.12	
46	钢塑复合管(热水型)	*DN*50	m	54.15	
47	承插塑料排水管件 d_n40		个	3.6	
48	承插塑料排水管件 d_n50		个	4.52	

续表

序号	材料名称	规格型号	单位	单价/元	备注
49	承插塑料排水管件 d_n75		个	7.54	
50	承插塑料排水管件 d_n110		个	14	
51	承插塑料排水管件 d_n160		个	25.64	
52	自动排气阀 *DN*25		个	289.9	
53	闸阀；*DN*50；Z41H-16		个	468.31	
54	闸阀；*DN*65；Z41H-16		个	541.08	
55	蝶阀；*DN*65；FBGX-16		个	142.67	
56	减压阀；*DN*20；Y12X-PN16		个	812.74	
57	PP-R 截止阀；*DN*15；J11W-16T		个	32.48	
58	截止阀；*DN*25；J11W-16T		个	63.07	
59	截止阀；*DN*32；J11W-16T		个	99.36	
60	蝶阀；*DN*100；FBGX-16		个	215.83	
61	水嘴		个	8.58	
62	普通地漏 *DN*50		个	5.15	
63	普通存水弯 ϕ50		个	6.01	
64	普通存水弯 ϕ100		个	17.16	
65	灭火器 MF/ABC4	放置式	个	74.39	
66	灭火器 MF/ABC3	放置式	个	62.14	
67	室内组合式消火栓；单栓带卷盘；1800mm×700mm×180mm		套	1265.31	
68	试验消火栓安装		套	583.44	
69	室内组合式消火栓；双栓带卷盘；1200mm×750mm×180mm		套	965.05	
70	水表；LXS-20		只	379.38	
71	水表；LXS-20；热水型		只	379.38	
72	压力表表弯		个	12.87	
73	仪表阀门		个	25.74	
74	压力表		套	21.45	
75	安全出口灯；1×3W×LED		套	117.55	
76	双头应急灯；2×3W×LED		套	124.41	
77	座灯头		套	3.86	
78	感应吸顶灯；1×22W		套	81.51	
79	电梯井道灯；座灯头；60W		套	12.87	
80	单管荧光灯；1×35W		套	47.19	
81	单联单控开关；A86K11-10		只	4.39	
82	双联单控开关；A86K21-10		只	6.47	
83	单联双控开关；A86K12-10		只	5.05	
84	不锈钢盖板		个	21.45	

续表

序号	材料名称	规格型号	单位	单价/元	备注
85	接线盒面板		个	1.39	
86	热水器插座;A86Z223KF16		套	15.61	
87	卫生间插座;A86Z13KF10		套	19	
88	排烟机插座;A86Z13A10		套	6.01	
89	五眼插座;A86Z223A10(安全型)		套	8.22	
90	空调插座;A86Z13KA16		套	8.37	
91	柜式空调插座;A86Z13KA25		套	14.04	
92	五眼带防水/开关插座;A86Z223FKA10		套	15.61	
93	BV-2.5		m	1.46	
94	BV-4		m	2.24	
95	NHBV-2.5		m	1.75	
96	BV-16		m	8.86	
97	BV-25		m	13.81	
98	金属槽式桥架;150×75		m	38.38	
99	金属槽式桥架;200×100		m	66.28	
100	刚性阻燃管	15mm	m	1.28	
101	刚性阻燃管	20mm	m	1.98	
102	刚性阻燃管	25mm	m	2.89	
103	刚性阻燃管	40mm	m	6.07	
104	紧定式镀锌电线管	20mm	m	6.86	
105	紧定式镀锌电线管	25mm	m	8.7	
106	紧定式镀锌电线管	40mm	m	14.99	
107	分等电位联结端子箱		个	30.03	
108	总等电位联结端子箱		个	51.48	
109	金属接线盒		只	1.72	
110	接线盒		只	1.34	
111	综合布线过线箱;140mm×190mm×140mm		个	51.48	
112	电视信号放大器总箱;600mm×700mm×150mm		个	102.96	
113	对讲分接箱;240mm×300mm×150mm		个	51.48	
114	对讲总箱;560mm×600mm×150mm		个	102.96	
115	用户多媒体;100mm×200mm×50mm		个	171.6	
116	综合布线总箱;700mm×550mm×200mm		个	102.96	
117	电视分配器箱;200mm×260mm×110mm		个	51.48	
118	沟槽式夹箍 *DN*100		副	32.84	
119	配电箱 RAC1/2		台	2145	
120	配电箱 RAP1/2		台	850	
121	配电箱 BLACf1		台	1200	

续表

序号	材 料 名 称	规格型号	单位	单价/元	备注
122	配电箱 BLACp1		台	1200	
123	配电箱 ALb		台	1200	
124	配电箱 ALc		台	950	
125	配电箱 1AWG1/2		台	4000	
126	配电箱 1AWZ1/3		台	7000	
127	配电箱 1AWZ2/4		台	6000	
128	户内接地母线 −40×4 镀锌扁钢		m	4.83	
129	户内接地母线 −25×4 镀锌扁钢		m	2.99	
130	消火栓按钮;LD-8404		个	166.28	
131	热镀扁钢−25×4		m	2.99	

3. 暂估价材料表（表 5-2）

表 5-2　暂估价材料表

序号	材料(工程设备)名称	规格型号	计量单位	暂估单价/元
1	配电箱 RAP1/2	悬挂式嵌入式 0.5m	台	850
2	配电箱 BLACf1	悬挂式嵌入式 0.5m	台	1200
3	配电箱 BLACp1	悬挂式嵌入式 0.5m	台	1200
4	配电箱 ALb	悬挂式嵌入式 1.0m	台	1200
5	配电箱 ALc	悬挂式嵌入式 1.0m	台	950
6	配电箱 1AWG1/2	悬挂式嵌入式 1.5m	台	4000
7	配电箱 1AWZ1/3	悬挂式嵌入式 2.5m	台	7000
8	配电箱 1AWZ2/4	悬挂式嵌入式 2.5m	台	6000

注：本案例的相关工程量计算及预算编制请自行完成，相关计算成果可在教学资源网 www.cipedu.com.cn 输入本教材下载查看。

参考文献

[1] 中华人民共和国住房和城乡建设部. 建设工程工程量清单计价规范：GB 50500—2013. 北京：中国计划出版社，2013.

[2] 中华人民共和国住房和城乡建设部. 通用安装工程工程量计算规范：GB 50856—2013. 北京：中国计划出版社，2013.

[3] 江苏省住房和城乡建设厅. 江苏省建设工程费用定额（2014版）. 南京：江苏凤凰科学技术出版社，2014.

[4] 江苏省住房和城乡建设厅. 江苏省安装工程计价定额（2014版）. 南京：江苏凤凰科学技术出版社，2014.